Uターン日記

霞ケ関から故郷へ

皆川治

鶴岡　霞ケ関

国書刊行会

はじめに

「ここがお父さんが卒業した小学校だよ」

帰省するたびに子供たちに話しかけてきた言葉。

お父さんまた言ってる、と笑われても、そこを通る度に子供たちに話しかけてきた。


故郷へのUターン。

そのことを実行に移す時、確信だけが私を支配していたわけではない。

迷い、不安になり、それでも決心したのは、桜の咲く季節を、蛙の鳴く夏を、稲穂の輝く秋を、地吹雪の冬を、毎日歩いて通ったあの小学校のある「故郷が好き」だからだ。

お金、栄達、名誉、人生には様々な目標があるだろう。それに囚われてしまったら、人生のもっと大事なものを失うのではないだろうか。失うものがあれば、得るものがある。

その逆もまた然り。人生とは不思議なものである。

「山形に帰って、親父の後を継いで農業をやります」と告げた時、農林水産省のある幹部は、「本当に大丈夫なのか？　農業で食っていけるのか？」と私に聞いた。

笑えない、本当の話である。

一次産業に従事する人が、汗水たらして働いても、暮らしていけない。そんな国が本当に豊かな国だと言えるのだろうか。

「鶴岡は、日本を代表する農業地帯です。そこで経営が成り立たないようであれば、いずれ日本から農業は消えてなくなります」

と私は答え、農林水産省を去った。

それから3年が経とうとしている。大学勤務という思いがけない展開はあったものの、確かに私は、故郷の土の上で生きている。すべてが思い描いた通りではないにせよ、自然に抱かれた小さな集落で、家族、友人、地域の人々に囲まれて生きている。振り返ると実に様々なことに取り組んだ。その内容をまとめたこの本が、地方で暮らしたい、故郷へ帰りたい、地方の実態を知りたい、地方の夢と可能性を考えるすべての人に少しでも参考になれば幸いである。

東日本大震災から6年を目前にして。本書を震災の前日に石巻で他界した岳父・高橋建治と、故郷に生き、私を愛し、既に他界した4人の祖父母、皆川哲郎、栗《りつ》、今野良一、禮子に捧ぐ。

２０１７年2月

皆川　治

鶴岡公園

Uターン日記　霞ヶ関から故郷へ　目次

3 古民家を活かす知恵 ＝英国のセミデタッチド・ハウスに学ぶ＝

4 PTAからつながる小水力発電

5　風と庄内平野

9 「豊水」と発電用水利権

1　東日本大震災と人生の転機

震災とUターン

東日本大震災による巨大津波が沿岸部に押し寄せたあの午後、私は妻の実家のある宮城県石巻市門脇町で前日に他界した岳父、髙橋健治の納棺に立ち会っていた。石巻市役所で約50日間支援業務をした後、霞ヶ関の農林水産省の職場に帰る前に立ち寄ったのは、実家のある山形県庄内地方の鶴岡市だった。食べる物も十分でない被災地から一足先に二人の子供を避難させたのも鶴岡だった。

それから3年が経った２０１４年春、私は、17年間お世話になった農林水産省を退職した。家族４人で東京都目黒区から故郷・鶴岡にUターンし、親父の仕事である農業・林業を継ぐことにした。

「なぜ」という質問に、いつもうまく答えられないのだが、リーマン・ショックの前後、米国シカゴで勤務していた時、故郷を遠く離れ、自分の仕事が、具体的な地域の活性化というものから物理的にも実質的にも大きく離れてしまっていることに人知れず悩んでいた。

結婚した当初、妻は、「絶対に農業はしない。田舎には帰らない」と宣言していたのだが、シカゴで、家族で過ごす時間が増えた頃からだったろうか。霞が関での仕事に追われる生活から、夫婦間でうまく役割分担して子供を育てる生活へ転換する、その選択肢としてUターンが浮上したような気がする。

そこに東日本大震災がやってきた。大震災からの復旧に全力をあげる市役所を手伝ってしばらく経った頃、被災者同士が深く議論しなければ、乗り越えることが難しい課題が多くなってきたと感じた。現地に住む直接の関係者でなければ、入り込めない領域があった。改めてそのことを感じた時、震災前からおぼろげに考えてきた実家へのUターンという選択肢が、少しずつ膨らんで行った。

Uターンを決めた後、私が子供の頃は35人いた小学校の同級生が、長男には14人しかいないと聞き、随分と故郷が縮小してしまったと気付かされた。

「地方消滅」をめぐる議論が喧しい。他方で、庄内の眠った資源、成長の可能性に目を向け、共に歩もうとしている人々は確実に存在する。

例えば小水力発電。ここ庄内平野には、日本を代表するコメどころに相応しい、幅の広い、流量の豊富な水路がある。農家と一緒になって固定価格買取制度（FIT）を活用し

震災直後

震災後

た売電事業を行いたいという民間事業者が存在する。

例えば異業種と連携した販路開拓。質の高い庄内産品を、インターネットを使って、ふるさと納税とも連携しながら首都圏の富裕層に届けたいという民間事業者がいる。

蛙の鳴く水田、その向こうにそびえる鳥海山、夕陽が沈む日本海、満天の星空に蛍が舞う、自然の中を駆け回った少年時代。今も変わらない故郷が好きだ。霞ヶ関での企画・立案も大事だが、これからは現場で実践していくことがますます重要になると考えている。消滅などさせない。それは一人ひとりのこれからの取り組みにかかっている。大震災後の今を生きる私たちに求められている大きなテーマである。（2014年8月）

山形県庄内地方

山形県庄内地方は、県北西部の日本海沿岸に位置し、方言

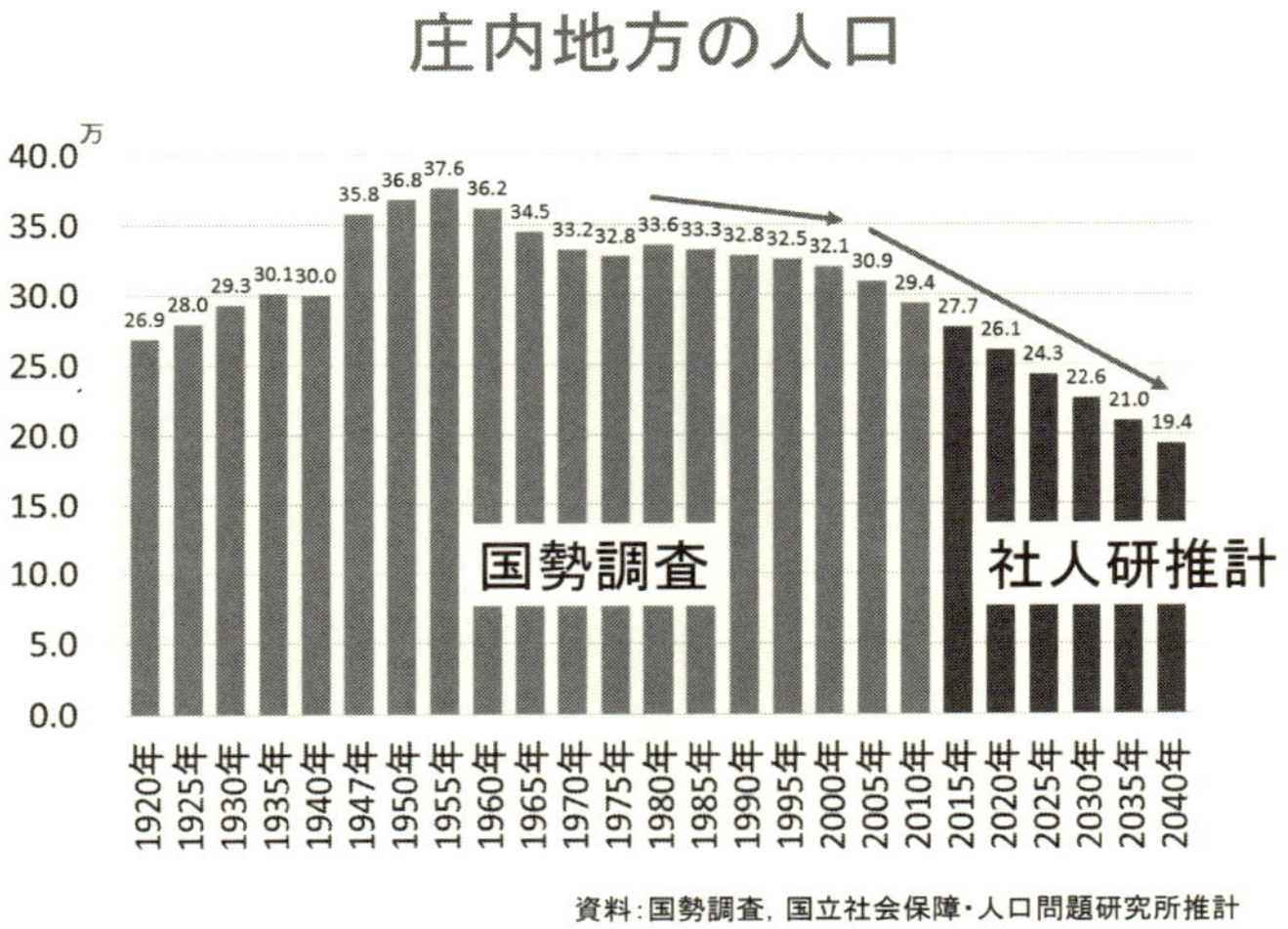

庄内地方の人口

を含め内陸部とは異なる経済圏・文化圏を形成してきた。庄内には、先人達が拓いた田畑、脈々と受け継がれてきた食文化、美しい農山漁村の古民家・風景、豊かな森林資源や水など、豊富な地域資源がある。

他方で、庄内地方においても、人口の減少は深刻な課題となっている。2005年の庄内地方2市3町（鶴岡市、酒田市、三川町、庄内町、遊佐町）の人口は約30万9000人であったが、2010年には約29万4000人に減少しており、その中でも若者の減少が深刻になっている。

庄内地方における若者の減少の背景には、県外への就職志向が高いことが一因にあると言われている。山形県庄内総合支庁によれば、庄内地方では、高校卒業者の県内定着率（県内内定者数／全内定者数）が、県内他地域に比べ10％以上低い状態が継続している。関連して、山口泰史ほかは、「庄内地域では近年、大学進学率が上昇する傾向にあるものの、Uターン率の現状、および、Uターン者の就業状況は決して良好な状態とはいえないため、地域出身者の高学歴化が必ずしも地域の発展につながっていない可能性が指摘しうる」（２０１０）としている。

また、市町村民経済計算推計結果（平成23年度）では、庄内地方の一人当たり所得（２３2万３０００円）は、県内平均（２４０万２０００円）を下回っている。庄内地方には、若者にとって所得的に魅力ある職場が少ない、あるいは、魅力ある中小企業があったとしても、その情報が若者に十分届いていないとの指摘がある。

2014年３月、目黒川で

故郷の祭り

目黒川の桜もしばしのお別れ。２０１４年3月、私達家族は東京から山形県鶴岡市に転居した。私は17年間お世話になった役所を退職し、家業（農業・林業）を継ぎ、一次産業を基盤とした地域の活性化に取り組むことにした。妻は公立中

2014年４月１日の我が家。20年ぶりの当屋

森片のお祭り、我が家の座敷にて（2014年４月１日）

学校の教員として再スタートすることになった。

17年ぶりに帰った私を出迎えてくれたのは故郷の祭りだった。

２０１４年3月31日、農林水産省を退職し、最終便で庄内空港に降り立った。

急いで帰ったのは、翌日（4月1日）が、私が住む集落・森片の稲荷神社のお祭りだったからだ。我が家は20年ぶりの当屋だった。当屋とは、集落のお祭りの世話役のこと。約20軒の家に順々に回ってくる。

故郷へUターンした記念すべき最初の日が20年ぶりの当屋の日。迎えてくれた父母もなんとなく感慨深げだった。

お祭りといっても、神輿も出店もない。父が子供の頃は、出店が来ていたらしいが。朝、村の上手にある神社にのぼりを掲げる。神主にお祓いをしてもらい、我が家の座敷に各戸の代表が集まり食事をいただく。たったそれだけのお祭り。それでも村の人々は着物で着飾り、神妙な面持ちでお祝いに参加する。

神主は、荘内神社の石原純一宮司さん。私が子供の頃は、この人の舅・石原三郎さんが神主さんで、祝詞が終わるとお菓子などをくれるのが楽しみだった。今日は娘の巫女さんを連れている。時代は回る。代替わりはあるが、皆知っている顔。久しぶりに帰ってきたのだが、久しぶりの感じはしない。

湯田川のお頭様

我が家から2キロほど離れたところに、湯田川という鄙びた温泉街がある。２０１４年4月6日、その鶴岡市湯田川の梅林公園に、お頭様の踊りを見に行った。

私が子供頃、お頭様は、毎年4月になると我が家にもやってきた。お頭様が来るその日は、近所のおばあちゃんが手伝いに来て、胡麻豆腐、ミツバのお吸い物など料理も決まっていた。

静寂の中に、笛の音が聞こえると動き出すお頭様。まるで本当に生きている様。笛の音が高まり、お頭様がカチッ、カチッと歯を噛む音を聞くと、小便をちびりそうだった。

10年ほど前だったろうか。父から、こうした祭りを維持していくことが難しくなっていることを聞いたとき、素っ気なく、

「それは仕方がない」

と答えた。手間のかかるお祭りよりも、本業（農業）の再生に力を入れるべきと考えていたからだ。

湯田川梅林公園でのお頭様（2014年4月6日）

そのことを今は後悔している。今でも耳に笛の音が残っているお頭様は、踊り手の後継者難などの理由で、数年前から森片には来なくなってしまった。

無くなってしまったら復活させるのには大きな労力がかかる。時代が変化したならば、どうしたらその変化に対応して残すことができるのか、考えたい。

故郷の祭りが維持できなくなっているのはなぜだろうか。様々な理由はあるだろうが、農林水産業が衰退しているからに他ならない、と私は考えている。農林水産業が衰えて行く時、豊作、豊漁を祈る素朴な祭りそのものの存在意義も失われてしまうだろう。

種まきと田植え

長い冬が明け、農業協同組合（ＪＡ）から種籾が届くと、我が家の春の農作業が始まる。種籾は、塩水選と呼ばれる方法で選別し、その後、水に浸し発芽させるのだが、発芽のさせ方が一風変わっている。最後に温泉に浸して発芽させるのだ。

我が家から数キロ離れた場所にある鶴岡市湯田川は、開湯１４００年の歴史ある温泉街である。そこにある由豆佐賣（ゆずさめ）神社にある石碑によれば、この湯田川の温泉湯を活用した芽出しの作業は、江戸後期に湯田川村（当時）の大井多右衛門が始めたという。今でもこの地域の農家はこの方法を採用している。

湯に浸かる種籾

我が国の稲作は昭和30年代からの機械化体系の導入により一変した。機械化体系は、稲作にとどまらず、畜産、野菜など我が国農業の姿を大きく変えたと言って良い。かつての稲作は、手作業により多

ポット育苗の苗代

くの雇用を吸収していた。我が家の種籾はポット育苗と呼ばれる手法で苗にし、田に移植される。今も昭和40年代に導入した手法がそのまま使われている。同じ地域の農家でも、芝生の様な状態の苗にするロールや、田に直接種籾を播く直播など、より手間暇がかからない手法が採用されている。

ポット育苗は、簡単に言えば、種籾から発芽した苗を、大事に、大事に育てる手法だと言える。ポット育苗箱に土と種籾をいれるところまでは父母が行う。その後、その箱を苗代に運ぶ作業には人員が必要になる。

現在の我が家の経営面積は2ヘクタール。この他に所有する2ヘクタールは私が東京で役所勤めを続けていたこともあり、隣の若手農家に貸し付けている。作付けている品種は、はえぬき、つや姫、つくばＳＤ（２０１６年度より作付せず）で、育苗箱の数で約７００箱だ。毎年春は近所に住む姉の同級生・伊藤徹君の約2ヘクタール分と共同で作業を行っている。

Ｕターンしてすぐ、まだ肌寒い２０１４年4月12日、この日は国立の鶴岡工業高等専門学校の学生3人をアルバイトに雇い、作業が始まった。トラックに苗箱を積み、苗代に並べ、田んぼの上に、いわば小さな育苗ハウスを作る。毎年手伝いに来ている徹君の弟の正彦は私の同級生。ビニールシートの張り方が手慣れている。朝の8時に作業を開始し、昼の出前のカツ丼を挟み、15時頃には作業が終了する。

農林水産省を退職する時、農業を継ぐのだと説明した。「もったいない」、「土日でできるじゃないか」。確かに、稲作では、最新の機械化体系に転換すれば、田植え、稲刈りなど土日で完結してしまうだろう。しかし、稲作の工程はもっと細かく、また、温泉発芽法、ポット育苗など、地域ごとに多様な方法が採用されている。土日で作業が完結できるようなものなのだから、そんなところに帰らなくともいいではないか。果たしてそうだろうか。官僚だけでなく米を愛する人々にも、我が国の主食である米の生産現場のもっと細かな実態を知って欲しい。

春先に一時的に膨らむ労働力をどう確保するのか、草刈りなどの地域共同の作業をどう行うのか。故郷の祭りの維持にもつながる問題なのだ。土・水・環境を守り、祭りを継承し、人を育てる稲作。バランスの問題ではあるのだが、少人数でコントロールできる農業が、地域を守り、日本の食卓を本当に豊かなものにできるのだろうか。「食糧」と「食い物」の違いが理解されていないように思えてならない。

コメ作りは産業であることは間違いないのだが、日本の稲作は暮らし、文化、精神にまで浸透していると実感する。とは言え、現実を直視すれば、小規模経営はつらい。2014年4月、春先の農作業を始める際、父は、「2年前に中古100万円で買ったんだ」とトラクターをみせてくれたのだが、そもそも、個人で持たないといけないのだろうか、と

角ばっているべきジョイントが、丸いものになっていた

父が中古で買ったトラクター

昔ながらのやり方で培土づくり

私は思う。早くもガタが来ており、不具合の修理に来た農協の若い職員さんは、「角ばっているべきジョイントが、丸いものになっていた」と指摘してくれた。農業用機械を地域共同でどう利用し、維持・管理していくのかは、今も昔も経営にとって大きな課題であり、こうしたことに手が付けられていない経営では先が思いやられる。

また、田植えに向けて、育苗用の培土づくりについても、外部に委託し、田植え後の管理だけの農家も多いが、我が家は昔ながらのやり方になっている。私が子供の頃は、使用する土を砕くところからやっていたので、粉塵がすごかった記憶がある。コメや土の個性は大事なのだが、もっと効率良くやる方法はあるように思う。でも、みんな〝ちょっとずつのオリジナル〟にこだわって、協業することがなかなか難しいのだとか。そうなのかなあ、できない理由ではなく、やれる方法を考えたい。

育苗箱の苗出しの朝。退職の際に部下にいただいたツナギに袖を通す。

震災から3年

2014年4月20日、読売新聞石巻支局の中條賢太記者が我が家にやってきた。東日本大震災から3年を経て、あの時に何が起こっていたのか、「伝える」という同紙の企画への取材のためだった。

仲條記者は、鶴岡市のお隣、酒田市の出身。どこで私のことを聞いたのか、庄内へ帰省できて一石二鳥だったのか。インタビューは5月22日の仙台圏版に掲載された。

地域活性化と地（知）の拠点

2014年5月末から、思いがけず私立大学に勤務することになった。山形県酒田市に立地する東北公益文科大学。

きっかけを作ってくれたのは上野隆一株式会社ウエノ社長である。農家の内職から始まったウエノコイルと呼ばれるトロイダルコイルを製造し、年商30億円、8拠点、従業員110名を雇用。世界シェアナンバーワンのグローバル・ニッチ・トップ企業を経営をする立志伝中の人物である。

上野社長には、農林水産省時代に一度面会したことがあった。大商金山牧場の小野木会長とともに、出羽商工会のアグリパーク構想の説明で農林水産省を訪問された際だった。温泉や再生可能エネルギーとセットにした構想は、魅力的に映ったものの、私は、「いこいの村庄内などの既存の施設の集客を図ることが優先ではないか」と発言した（温泉施設を備えた宿泊施設・いこいの村庄内は、２０１６年11月に閉鎖されてしまうのだが）。

「何か新しいことに取り組まなければ地域が沈んでしまう」

上野社長はそのような趣旨の発言をされたと記憶している。その危機感を、実感を持って理解したのは、Ｕターンしてからだった。

上野社長は人の話をよく聞いてくれる。

私は、故郷へＵターンするに当たって、帰って何をするのか、多くの人に尋ねられた。その際に用意したものが、「新しい時代の農業」という1枚のペーパーである。送別会を開いてくれた今井林野庁長官など、農林水産省でお世話になった人に退職間際の挨拶回りなどに渡し、説明した。１年先輩の日向さんには、「皆川君、市長にでもなるのかい？」と聞かれた。

そんな幅広い地域活性化のアイディアに上野社長は関心を示してくれた。

「大学で取り組んでみてはどうか」

東北公益文科大学は、２００1年に開設された。公設民営の大学である。

理事長は、平田牧場グループ会長の新田嘉一氏。こちらは元祖・立志伝中の人物である。

公益とは何か。新田理事長の答えは明快である。

26．2．28

新しい時代の農業

1．新しい産物・ワイン
利用されていない土地又は平野部を利用したブドウ栽培、ワインの醸造。
2．新しい空間・古民家カフェ
築120年の古民家の座敷・離れ・庭を活用した地産地消型のカフェ。地元作家の器等のショップも併設。
3．新しいエネルギー・小水力発電
赤川土地改良区が管理する国有水路にフランスの技術を使った小水力発電設備を導入。
4．新しい魅力・未利用資源
薪の持続的・広域利用システムの構築。孟宗・山菜などの高付加価値化。ＳＡＫＥの輸出。
5．新しい経営・持続可能な経営
まずは機械の共同利用から始め、土地の個性を活かす経営形態に転換。個人も法人も共存できる流通・加工システム。農協の改革。効率的かつ持続的な庄内型土地利用農業の実現。
6．新しい暮らし
若い人が集まり、楽しく、安心して子育てできる環境の整備。ＵＪＩターン。庄内藩の新しい祭り。観光客へのおもてなし。
7．ふるさとの継承
一つの庄内。国・県・市の役割の再定義と統治機構改革。

「自立して稼ぐことができる人を育てること」

大学に行ってみると、大学とは実に不思議な組織であることがわかった。まずそもそも組織なのか、ということが判然としない部分があった。教員は、個人商店の主の趣であり、全学的に教育・研究・社会貢献のすべての分野において地域志向を強めていくと宣言したにも関わらず、そうした号令で動く人ばかりではないのだ。

「地（知）の拠点整備事業」は、文部科学省の補助事業である。教育・研究・社会貢献のすべての分野において地域志向を強め、地域の知の拠点になることを目指して活動する大学に一校当たり約５０００万円の補助金が5年間支給される（その後、支給額は大幅に減額されるのだが）。

私の役割は、行政との連携や予算の管理などが苦手な大学の先生方を補佐し、事業の運営の調整役になるというもの。「特任講師」という教員格の肩書をもらったものの、当初は担当する授業もなく、行政職員なのか、大学の職員なのか、よくわからないような仕事であった。

後に上野社長からは、

「申し訳ないことしたな」

とも言われたが、地域を幅広く知る機会をいただいたとプラスに考えることとした。

2　だだちゃ豆、三世代での作業

だだちゃ豆

わが家の家計を支えてきたのは、長らくコメと山林であった。父の世代（父を含む4人の兄弟）は、山林（杉）の販売収入があったから大学に通うことができたと聞いたが、私の世代（私と2人の姉妹）の場合は、夏場の鶴岡（山形県）の特産品・だだちゃ豆によって大学に通わせてもらったようなものだ。

「だだちゃ豆？　大豆でしょ？」と聞かれるのだが、その食味の良さは全国の食通をうならせる。だだちゃ豆は、確かに未成熟な大豆であり、生理・生態は大豆とほとんど同じと言われている。しかし、この地域の篤農家が種子の選抜・淘汰を行い継承されてきた結果、糖分やアラニン、グルタミンといったアミノ酸の値が高く、食べだしたら止まらない、独特の風味を安定して発現するようになった。

わが家がだだちゃ豆の生産・出荷を始めたのは1991年ごろ。コメの過剰生産が続く中、生産調整の一環として取り組み始めた。当時の鶴岡市の作付面積は160ヘクタール

三世代でのだだちゃ豆の選別

出荷を待つだだちゃ豆

程度。出荷農家も少なく、コメからの収入が低下傾向を示す中で、枝豆は夏場の集中した作業によりわが家の年間の収益を支えるものとなった。その後、女優の中山美穂さんがキリン一番搾りのCMで「だだちゃ豆はただの枝豆ではない」旨紹介した頃から、一気に知名度が上がり、生産者の数も増えていった。現在の作付面積は20年前の約5倍、約800ヘクタールだ。

だだちゃ豆農家の1日はハードである。7月下旬から9月上旬にかけては、朝3時頃から収穫を行い、枝から脱莢（だつさや）し、傷がついたものなどを選別する。その後、袋詰め作業を行い、農協（JA）などに出荷する。夕方に収穫を行い、保冷庫に保管しておく場合もある。夏の1日はこのサイクルの繰り返しである。

播種機や収穫機械などが導入されたとはいえ、依然として多くの工程は人の力に依存している。特に夏場の収穫作業は重労働である。また、収穫適期が非常に短いため、収穫機や脱莢機などへの投資が過剰になりがちである。経営改善に向けては、大規模な生産・出荷体制の構築のための協業化が課題となる。

他方で、直売やもぎとり体験など、消費者との交流型の経営に転換するという方向も考えられる。わが家は多い時には1ヘクタールを超える面積を作付けていたが、現在は両親と80歳間近の収穫の手伝い1人の体制で約60アールを管理している。面積が減ったとはいえ、とうに還暦を超えた両親にはきつい作業である。91年から使い続けてきた選別機械も、そろそろ限界を迎えつつある。わが家は選別に要する時間を減らし、少しずつ消費者との交流型の、大規模経営を補完する役割に転換していきたいと考えている。

農業は頭脳労働と肉体労働の組み合わせで成り立っている。汗のしたたり落ちるきつい作業も多いが、消費者と向き合い、気象変化と向き合い、来年は何をどの位植えるべきかを考える、創造性あふれる仕事である。さまざまな工程、役割があり、高齢者でも、障害者でも、誰もが自分の能力を発揮できる可能性を持っている。

子供たちにも手伝ってもらい三世代で作業を行った今年の夏、父は心なしか元気を取り戻したように見える。今年もだだちゃ豆が低迷する稲作収入をカバーし、何とか地域を支えている。私は二人の子供を大学に入れるための収入をどうやって捻出するか、汗をかい

だだちゃ豆の種

枝豆精選別機

て、知恵を絞って頑張るしかない。（２０１４年10月）

庄内たがわちゃ豆のブランド化戦略

２０１６年3月、庄内たがわ農協（ＪＡ庄内たがわ）の職員である斎藤充希さんが私を訪ねてきた。

ＪＡ庄内たがわ（黒井徳夫組合長）は、平成7年に広域合併し、発足したＪＡであり、温海町・藤島町・羽黒町・櫛引町・朝日村（この4町1村は平成17年に鶴岡市に合併）、余目町・立川町（この2町は平成17年に合併し、庄内町となる）、三川町を管内としている。庄内柿や月山ワインでも知られる。

同ＪＡの枝豆部会では、庄内たがわちゃ豆というブランドで枝豆を生産、販売している。しかしながら、お隣のＪＡ鶴岡のだだちゃ豆に比べブランド力で劣り、部会員の高齢化も進み、活気が失われつつあった。

斎藤さんは、大学生の若い斬新なアイディアを取り入れて、枝豆部会の活動に刺激を与えられないか、と考えていた。

大学の講義には、競争型課題解決演習という演習科目がある。これは、東北公益大が取り組む「地（知）の拠点整備事業」のカリキュラム改革の中で創設された目玉科目の一つであり、「課題解決」とは、企業等から提示された課題に公益大生が挑むこと、「競争型」とは、複数の学生チームが課題の解決案を競うことを意味している。

庄内地域の基幹産業は言うまでもなく一次産業である。また２０１６年が国連が定める国際マメ年であることも踏まえ、学生たちには、枝豆を中心とする地域農業や農協の現状と課題を学んでもらうとともに、ＪＡ庄内たがわの枝豆のブランド化戦略を提案してもらうことにした。

15回の講義では、まず、ＪＡ庄内たがわ、山形県庄内総合支庁の担当者から農協を含む地域農業の現状と課題、枝豆生産の課題を講義してもらった。また、枝豆生産者である斎藤万里子さんの圃場《ほじょう》で枝豆の苗の定植作業を行うとともに、ＪＡ庄内たがわの子会社である羽黒のうきょう食品加工㈲と、地場産の食品・農産物の販売を行う株式会社イグゼあまるめを訪問し、生産・加工・小売りの実態について理解を深めた。

更には、枝豆部会長である明石秀一さんと意見交換を行うとともに、枝豆の精選別機械の開発を行う株式会社ガオチャオエンジニアリングを訪問・調査するなど、密度の濃い講義となった。

最終的な成果物として、枝豆のブランド化戦略とともに、庄内たがわちゃ豆の新しいネーミング案を提案することを目標とし、グループディスカッションを進めた。

私の頃の大学の講義は、先生が板書したものを書き取るものが中心だった。最近の流行はアクティブ・ラーニング、学生が現場で手を動かし、学生同士、あるいは教員を交えて議論し、新しいアイディアを生み出す、能動的・主体的なものが増えてきている。

報告会での学生たちの発表は、堂々としており、依頼をしてくれたＪＡ関係者にも考える機会を与える、立派なものだった。


講義の紹介はここまでとして、庄内たがわちゃ豆とだだちゃ豆をめぐる興味深い話について触れておきたい。

今や全国のトップブランドとなっただだちゃ豆、この商標は、酒田市の納豆製造メーカーが所有している。特許庁のデータベースを見ると、加藤敬太郎商店となっている。鶴岡市農協（ＪＡ鶴岡）では、使用契約により「だだちゃ豆」という商標を使用しているのだそうだ。それに対して、庄内たがわちゃ豆は、だだちゃ豆として売っていた時期もあったそうだが、ＪＡ鶴岡が商標を使用するようになってからは、だだちゃ豆として売ることができなくなってしまった。このあたりの未練がＪＡ関係者からは感じられた。

ＪＡ庄内たがわ関連の漬物直売所を訪問した際にも、ソフトクリームに「だだちゃ豆」味はあっても「庄内たがわちゃ豆」味はなく、加工品も見当たらなかった。

学生も指摘していたとおり、全国的な知名度を獲得するためには、まずは地元で愛される商品になることが先なのだろう。

種をつなぐ

日本の農業はなくならない、と私は思っている。額に汗して働く農家がいて、それを味わう消費者がいる限り。でも、農家のモラルが崩れ、消費者が農村を忘れたとき、どうなるのだろうか。金もうけだけが優先されたら。日本に農業がなくなったら、それはもはや日本とは言えないのではと思う。

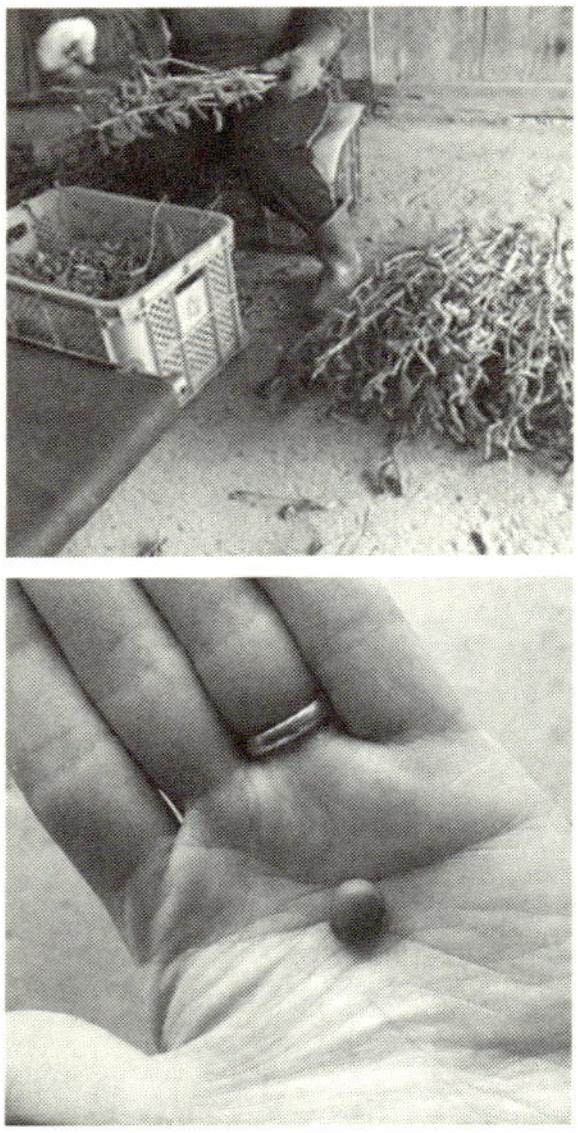

種を守ることが農業の過去と未来をつなぐ

だだちゃ豆を植えて２日目の畑

２０１６年５月、今年もだだちゃ豆の苗植え作業が始まった。機械による移植も増えてきたが、我が家では手植えだ。だだちゃ豆を植えて2日目の畑では、カラカラの土に枝豆の苗が必死に根を伸ばしている様だった。だだちゃ豆の中ではもっとも早く収穫できる早生甘露という品種。7月下旬、美味いビールと一緒に味わう、そんな日を夢見て作業は進む。

２０１６年夏、今年も不器用な父が作っただだちゃ豆ができた。農業をつないでいくためには、目に見えるものの、もっと奥の方にあるものも守っていく必要がある。２０１６年10月、稲刈りの合間に、来年のだだちゃ豆の作付けに向けた準備を行う。農業の過去と未来をつなぐもの、それは種を守ることに他ならない。

3　古民家を活かす知恵　＝英国のセミデタッチド・ハウスに学ぶ＝

住いの準備

農水省を退職する前年（2013年）の夏、在英国大使館に勤務する先輩を訪ね、家族でロンドンを訪問した。当時、長女は小6。中学生になれば、部活だ、受験だと、もう家族で遠くに旅行に行くチャンスもなくなると考えた。その際、セミデタッチド・ハウスというロンドンの代表的な住宅形式のお宅に泊めていただいた。デタッチド・ハウスは「一戸建ての家」という意味で、「セミ」の方は、仕切り壁で2軒に分けられた、2軒で1棟の家のことである。確かに2軒隣り合わせなのだが、屋内に入ってしまえば気にならず、標準的な日本の住宅と比べると広く、庭もあり、心地が良い。

故郷へのUターンを進めるにあたって、最初に着手したのは、Uターン後の住まいの準備であった。鶴岡の実家は築120年の古民家である。両親からは、屋根の傷みが激しいということを聞いてはいたのだが、東京での仕事の忙しさのあまり、真剣にこの問題に向き合ってこなかった。本来であれば親の世代の責任であろうとも思っていた。

長年、農業で生計を立ててきたわが家は、屋根の大規模な修繕に投資することが難しくなっていた。今は、それは何も恥じることではないと思っている。父母の世代も、祖父母の世代がやるべきことを肩代わりしてきた面があったからだ。どこかに新しい家を建てるか、それとも受け継がれてきた家を引き継ぐのか。私たち家族は、古い家を活かすこととし、屋根を修繕し、Uターン後にできるだけ快適に生活できる空間に整備することとした。

ロンドンのセミデタッチド・ハウスの前で

屋根の傷みは激しく、瓦だけでなく、多くの「垂木」を交換する必要が生じていた。もし、両親だけに任せていれば、やがては取り返しのつかないところまで朽ちてしまったことだろう。かつて、わが家の隣には見事な古民家と庭があったが、今は居住者が去り、古代の遺跡のようにひっそりと静まり返っている。

新しい屋根からは元気な煙が上がっている。私の希望で薪ストーブを入れたからだ。私が子どもの頃、家の風呂は薪で焚いていた。夕方、煙の中で料理をする祖母を、私は子供心に何とか助けてあげられないものかと感じていた。薪風呂がなくなった時には、何だか解放されたような気分だった。

ところが、今の薪ストーブは、煙が全く気にならない。いつもは手伝いなどしない子供たちも、薪を積むことだけは喜んでやってくれるから不思議である。薪は、煙が目に沁みるのに仕方なく使っていたものから、機能的でおしゃれなものに変化したようだ。薪によって木造住宅全体が温まり、住宅の健康状態にも良い影響を与えている。何よりも、これまで捨てていた山の資源をもっと有効活用しようという意識が生まれ、父母を含め、家族の思考が前向きになりつつある。朝早く起き、ストーブに火をともす。その炎を見に人が集まってくる。一台の薪ストーブが好循環をもたらしている。

さて、わが家の修繕はまだ半分しか終わっていない。資金的な制約から、まずは日々使用する居住空間（わが家の右半分）の修繕を行い、座敷など普段あまり使わない空間（左半分）の修繕は先送りしている。そう言えば、セミデタッチド・ハウスというものがあった。左半分は、農家カフェとして利用したい。緩やかな衰退社会を、誇り高く生きる英国に学びたいと考えている。（2014年12月）

導入した薪ストーブ

英国とフランス

「今行かなければ一生行けなくなる」

と妻に説得され、2013年の英国とフランスへの旅は決まった。

英国でお世話になったのは、山口潤一郎さん。入省時には係長と係員として、2006年にシカゴ総領事館に赴任した際にはJETROシカゴの農林水産部長として駐在されており、お世話になった。シカゴに行くことになったのは、「希望を出してみれば」との山口さんの言葉がきっかけだった。英語とは無縁の生活、なんとか英検2級になって総領事館に赴任した。お恥ずかしい限りだ。

この時、既に農林水産省を辞める気持ちを固めつつあった。妻が山形県の教員採用試験に合格したことがわかり、環境が整いつつあったからだ。ただこの滞在中にはそのことを言い出せなかった。

リスが走る芝生の公園が、どこかシカゴ郊外での暮らしに重なり、懐かしさとともに、田舎暮らしへの期待が高まった。オペラ座の怪人、グリニッジ天文台、ハイドパーク、駆け足での英国訪問を満喫した。海底トンネルを経て、フランスへ、わずか2日だけの滞在、パリでサンマを食べる子どもたちを笑いながら、帰国の途についた。

Uターン後の住まい　木の家のリフォーム

Uターンに当たって、まず必要なもの。それは家族4人が楽しく、安心して暮らせる家。近い将来Uターンすることを具体化するため、両親が暮らす家に私たち家族も暮らせるように本格的なリフォームの準備にとりかかったのは、2012年の年の瀬だった。

12月30日、地元産木材の製材・建築を行う株式会社大和の栗本正幸社長、その妻で設計士の直美さん夫妻に改築について相談した。

栗本家とのつきあいは長い。正幸さんの父で株式会社大和の会長である正志さんの父の代から、わが家の山林の材木を扱ってもらっていた。私の祖父の代からかれこれ100年近いつきあいとなる。

地元の山の木を扱って来た栗本さんは、夫婦ともに山の心、木の心がわかる人。私の考え方ともピタリと一致した。築120年の古民家のリフォームの基本方針、それは「家に聞いてなおす」というものだった。

わが家は石の上に柱が乗った昔ながらの木造建築。壁を固めるような今の住宅とは違う。

昔の工法を基本的には変えず、木の特性を活かすリフォームが必要になる。

栗本夫妻との信頼関係の下、基本的なコンセプトはすぐに一致し、間取りなど細かなことは妻に任せ、作業は進んでいった。早い段階で私から一つだけお願いしたことがある。それが薪ストーブを入れたい、ということだった。

山の中の暮らし。それは、食にとどまらず、燃料を含めた山の恵みとの共生だ。私が子どもの頃までは、少なくとも我が家ではまだ薪を燃料として活用していた。毎日の風呂を沸かすために、更には、父が新規事業として取り組んだ椎茸のための暖房の燃料として。

故郷の疲弊の原因の一つ。それは、農林漁業の地盤沈下と相対的な地位の低下にあるわけだが、エネルギー需給構造が大きく変貌する中で、薪の使用が脇役になったことは、農山村の所得が域外へ流出することに拍車をかけた。

だから、古民家を再生させるに当たって、単に住むための箱を復活させるのではなく、農山村の暮らしに、薪と言う地場で調達できるエネルギー源をもう一度位置付ける、そんな持続的なライフスタイルを投げかけるものとしたかった。薪という地域資源が見直される、地域のモデルとなるようなリフォームにしたかった。

リフォーム準備の加速

リフォームに当たっては資金が必要になる。できるだけ低い金利で融資を受けたかった。2013年5月、ネット専業のS銀行に住宅ローンの資料請求を行った。しかし、融資が可能なのは、本人が住む住宅のみ。その時点では、Uターンの時期を正確には決めていなかったため、当面は両親が住むことになるであろう住宅のリフォーム資金には融資できないとのことだった。東京に住みながらリフォームを行うことには壁があった。

2013年6月、Uターン先である山形県庄内地方を基盤とする荘内銀行に融資の相談を行った。最初は母を通じて、あるいは電話での相談だったが。たまたま6月29日にJA鶴岡の女性部からの依頼で、「『被災、石巻五十日。』から考える私たちの暮らし」という講演を行うこととなり、このタイミングを活用し、鶴岡に帰省し、6月30日に荘内銀行を訪問し、仮審査の申し

リフォームする前

込みを行った。

7月27日には再度帰省し、リフォームの契約を株式会社大和と結び、翌日、住宅ローンの契約を荘内銀行と行った。8月30日には無事、大和への1回目の支払いを行うことができた。

その後は、雪が降る前の完成を目指し、急ピッチでのリフォームが始まった。現場でのやりとりは両親に頼るしかなかった。

祖母の他界

2013年10月、この年4度目の帰省は思いがけない形だった。10月27日、母方の祖母・今野禮子が息を引き取った。幼い私のことを「あんさま」（長男のことを指す）と呼び、鶴岡市藤島のお宅を訪問するたびに、中華そばなどおいしいご馳走を用意してくれ、また、近所のお店に買い物に行く小遣いをくれ、ずっと大切に育ててくれた。体も心も大きな、豪快な人だった。

朝方に連絡を受け、昼の羽田の便に飛び乗り駆け付けた。6月に帰省した際には、近くの湯田川の病院に入院していたが、訪問した際にお風呂に入っていたため、会えなかった。

1月に会ったのが最後になってしまった。冷たくなってしまった祖母の手足を握り、翌日の8時55分の便で東京に戻った。

役人とはつくづくつらい仕事だな、と思った。忙しいのは構わない。それを苦だとは思ったことがない。しかし、大切な人の通夜や葬儀に出られないのは辛かった。父方の祖父・哲郎、母方の祖父・今野良一の葬儀には、それぞれ海外勤務、副大臣秘書官だったことから参列できなかった。2012年に他界した皆川栗、2014年に他界した今野禮子の両方のおばあちゃんに最後に会えたのは幸せだった。

帰省の際、リフォームの進捗状況を確認することができた。私たちの部屋のところが先行して工事が行われていった。事前に「あなたたちの部屋が頑丈になってきているよ」と母に教えてもらっていたが、その通りになっていた。禮子ばあちゃんも招待し、新しくなったわが家を見せ、大きくなった子供たちに会わせたかった。

大好きだった、お世話になった、感謝してもしきれない祖父、祖母は美しい庄内平野から記憶の中へ旅立ってしまった。もっと早くUターンできなかったのかな、その後、考えてもどうしようもないことを考える日が続いた。

新居リフォームの完成

２０１３年11月18日、役所で上司に退職のことを告げた。10月に妻の教員採用試験の最終合格が決まり、退職の腹は決めていたのだが、どういうタイミングで職場に伝えればいいのか悩んでいた。目先の仕事に追われつつも、来年度の仕事の話も出てきたので、そろそろ伝えなければいけない、というタイミングになっていた。

その日の夜は、日ごろ何かと面倒を見てくれる櫻庭審議官、石井部長が飲みに誘ってくれた。二人とも、故郷を思いつつも、農林水産省の幹部に昇りつめ、故に故郷には帰ることができなかった。だから私のことが「うらやましい」と言った。

石井さんは、私がUターンした後の２０１５年5月、ご夫妻で鶴岡を訪問してくれた。親子ほど年が離れているのだが、なぜか馬が合うのは不思議である。

12月25日、副大臣秘書官としてお仕えした篠原孝代議士への手紙を岡本秘書へ渡した。

12月27日、完成したばかりの自宅へ帰った。これまでデッドスペースになっていた、２階、３階がフロアリングになり、柱組を見せる空間となって、美しく生まれ変わっていた。最終局面で、意思疎通の齟齬があり、敷居のない部屋に敷居を残す施行が行われ、床を張り替えるハプニングはあったが、古い、今にも朽ちそうだった家が見事に蘇っていた。正直なところ、ここまで綺麗に生まれ変わるとは思っていなかった。正に劇的なビフォー、アフターといったところだった。地場の大工さんの技術の高さに驚かされた。

翌日には栗本夫妻に会い、お礼を伝えた。内外装に木材を使ったこと、薪ストーブの導入に木材利用ポイントが使えるので、その手配をしてもらうこととなった。

２０１４年１月１日、雷のなる朝だった。薪ストーブに火をともし、Ｕターンをする新年がスタートした。

リフォーム後

リフォーム後、軒下に積まれた薪

屋根裏の子ども部屋

２０１４年４月、屋根裏の子ども部屋に仲間が集う。鶴岡市大山の株式会社大和の栗本正幸さん施工、スタジオウッズの栗本直美さん設計により、暮らしやすくなった築１２０年の古民家は、私たち家族の基盤となっている。

２０１６年２月、わが家の暮らしぶりが、山形放送の番組「ピヨ卵ワイド」で取り上げられた。リノベーションした古民家の映像への反響はその後しばらく続いた。

樹齢５００年のトチノキのダイニング・テーブル

わが家は築１２０年の古民家だと述べた。しかし、梁に使われている木材（杉）は、それよりももっと古い時代に切り出されたものが使われている。１２０年前に火災があって建て替えられる際、火災の中で焼け残った梁が使われているのだ。だから一部の梁は少なくとも１５０年以上も前の建築に実際に使われたものが再利用されている。

木はどれ位長く生きるのだろうか？　昭和最後の宮大工と言われ、法隆寺の大修理を行った西岡常一棟梁は、「樹齢２０００年の木には、２０００年の第二の人生がある」と述べている。だとすれば、我が家の梁は、第2の人生を含めれば少なくとも300年は生きているのだから、驚かされる。

わが家のダイニングには、樹齢が推定500年のトチノキのテーブルが備えられている。2016年4月、この巨木を切り出した林業家・榎本豊治さんにお話を伺う機会があった。このトチノキは、鶴岡市朝日村の砂川の神社にあったものだそうだ。東京の市場に出荷されたのだが、虫食いの傷があり、まわりまわって我が家へ来ることになった。その傷跡こそが木が持つ味であるのだが、嫌われたようだ。鶴岡市大山のいろは食堂にも同じ木からとったテーブルがあるが、最も大きな部位が我が家の食卓として使われている。

トチノキのダイニングテーブル

林業で生きてきた榎本さんの活躍した昭和30年代、都市と農山村の経済格差の是正が課題となる中、山村の主要産業である林業は、拡大造林によってその打開を図ろうとした。拡大造林とは、里山の雑木林など広葉樹を中心とした天然林を、経済的に価値の高いスギ、ヒノキなどの人工林に置き換えていく政策だ。榎本さんは、「広葉樹の葉はミネラルになるが、杉の下には何も育たない」と行き過ぎた造林政策を嘆いた。

昭和26年の丸太関税、昭和39年の製材の関税の撤廃も追い打ちをかけた。昭和40年代、高度経済成長の下で木材需要は拡大したのだが、輸入が自由化された外材に需要が奪われる形になり、林業は低迷した。榎本さんも、植林や下刈りへの補助金が頼りだったが、出稼ぎグループに入るなど様々苦労があったそうだ。

また、榎本さんは、住宅のうち国産材が使われる割合はわずか6％程度に過ぎないと指摘する。在来工法の木造住宅では、床面積の木材使用量は約2割程度であり、そのうちの約3割程度が国産材であるので、確かに6％程度となるようだ。これでは森林を活かした経済の再生はおぼつかない。

明るい兆しもある。林野庁によれば、2014年の木材自給率は31・2％となった。自給率が30％を回復したのは、昭和63年以降初めて、実に26年ぶりだ。木質バイオマス発電施設等での利用が増加している燃料用チップの数量が大きく貢献したようだが、住宅を含め、木を使い、植え、山村にも人が定着するような好循環が起きることを期待したい。

「これは俺が切り出したんだ」

トチノキを前に目を輝かせるて語る榎本さん。樹齢と同じく次の人生を生きるとすれば、

５００年後も使われるテーブル。木はドラマだ。こういう方の技術、経験談をもっと地域で共有する必要があると感じた。

自伐型林業

２０１５年3月24日、自伐型林業の実践・普及に取り組む中嶋健造氏による講演会を我が家で開催した。仕掛け人は、同じ大泉地区の矢馳に住む加藤丈晴さん。神奈川県出身で大手広告代理店を退職し、２０１１年に鶴岡に移住したIターン者だ。父・和中を代表とする「大泉の森と農で地域を考える会」という組織を立ち上げ、森片、湯田川、田川の林業関係者に声をかけ開催した。情報を聞きつけて、遠く秋田からの参加者もいた。

自伐型林業とは、中嶋さんの定義によれば、森林の管理、施業を山林所有者や地域が自ら行う自立・自営型の林業のことだ。所有者や地域が自ら施業を行う持続性を重視した長期的森林経営であり、皆伐ではなく、長伐期の択伐施業を行うことに向かう特徴があるという。

この自伐型林業の反対の概念は施業委託型林業だ。山林所有者は、自らは施業をせず、

中嶋氏講演

森林組合や製材事業者などへ施業を委託する。高性能林業機械などを使う、短伐期の皆伐施業になりがちだと言う。
中嶋氏の主張で最も共感することは、一人当たりの生産量を増やすことよりも、生産者を増やすことの重要性を指摘していることである。考えてみると、農政も、林政も、集約化、大規模化一辺倒である。人を減らす政策なのだ。
間伐も集約した施業単位がなければ補助金が下りない仕組みになっている。「自伐型などに付き合ったら補助金がこなくなるぞ」と脅されるのだが、一部の人のために補助金が交付され、林業家がどんどん少なくなっていく矛盾をどう考えればいいのだろうか。皆伐された後の再造林ができなくなっている現実も、長伐期の択伐であれば克服できる可能性があることは理解できる。作業道を敷設しながら、チェーンソーと1トン積みの林内作業車、2トントラックで、持続的な林業ができるというのは、なんとも魅力的な提案である。若者の所得確保・定住の手段としての可能性など、今後の展開に期待の持てる講演会であった。

薪づくりと薪ストーブライフ

自伐型林業に一足飛びに行こうとする前に、私は、まずは薪の自給など、無理せずとも手の届くところから取り組んでいくべきと考えていた。「冬に備えて今から薪を」とのアドバイスも受けていた。

２０１４年11月、杉に絡みついた葛（くず）を落とすために山へ向かった。１、２年でかなりはびこってしまう。死んだじいちゃんは杉を育てて教育費に充て、そういえば時々旅行にも行っていた。退職金のような機能もあった。異次元金融緩和の株高とは違う、農山村の資産運用だ。60年から80年サイクルの仕事、コツコツマジメに。

木材産業云々といっても、その前に境界をきちんと把握すること自体が結構難しい。大きく育った木も、木造住宅が減っている中で、それを必要としている人とうまくマッチングすることがなかなか難しい。先達の言葉に耳を傾け、手探りで覚えていくしかない。四の五の言う前にまずは薪づくりだ。

少し肌寒くなってくる秋、薪ストーブの季節が到来する。家族にそろそろとせっつかれ火が灯ると、そこに自然と人が集まり、いつものコーヒーも、何だか美味しくなる。ストーブのメンテナンスも重要だ。

２０１６年10月、今季最初の薪ストーブの点火に向け、いつもお世話になっている鶴岡市大山の大和さん、ファイヤーライフ庄内さんからシーズン前のメンテナンスでお世話になった。いつも迅速、丁寧な対応に感謝している。

２０１６年11月、集落のみんなで用水路にかかってきた木を伐採した。伐採した木は薪に活用することとしている。水路の草刈りもそうだが、一人一人の力を少しずつ出し合えば大きな力になる。専門会社に任せればいいという意見もあるが、本当にそうなのだろう

まずは薪づくり

2015年10月、秋晴れの下、薪ストーブの煙突掃除

シーズン前のメンテナンス（2016年10月）

か？　組合的な取り組みも、うまく取り組めば、地域の維持に力を発揮するはずだ。そのことがなかなかわかってもらえない。たぶんすぐにはうまく切れないと思うが、一緒に木を切って汗を流せばわかってもらえるのかもしれない。

薪ストーブの焚きつけは、土日の朝の日課となった。学生時代の友人に焚き火が趣味のやつがいた。土曜の朝になると、そんなこともあったなぁと思い出す。

農村価値増大ツーリズム

内閣府が2014年6月に実施した世論調査（農山漁村に関する世論調査）によれば、「都市と農山漁村地域の交流が必要である」とする者は、2005年11月に実施された調査の際よりも上昇（78・4％→89・9％）している。また、一時滞在する場合には「農家民宿」を希望する割合が48・7％と最も高い。また、滞在中に行いたい活動としては、「地域の名物料理を食べる」（45・8％）、「稲刈りや野菜の収穫」（44・4％）などの人気が高い。

我が家は山形県鶴岡市において14代続く農家（約4ヘクタールの農地、20ヘクタールの山林を所有）だ。稲作と山林経営を主として生計を立ててきたわけだが、米価、木材価格の低迷等により、この所得によって生計を維持し、築120年の古民家を維持していくには相当の工夫が必要な状況にある。

我が家の経営を立て直す際に活かすべき地域資源の筆頭は、金峰山系の地味に富んだ土壌から生み出される農産物・山菜である。具体的には、庄内米、だだちゃ豆、湯田川孟宗など、いずれも高い品質を誇り、市場での評価も高い。しかしながら、この一次産品の素材としての販売だけでは、所得を増大させることには限界があり、この素材の付加価値をいかにして高めていくかが重要になる。また、農業経営のモデルとしても、経営規模の拡大モデルだけでなく、様々な作目を組み合わせた日本型の素材高付加価値化型モデルの追求が重要であると考えている。

先に、英国には、セミデタッチド・ハウスという、仕切り壁で2軒に分けられた住宅形式があることを紹介した。庄内地方の大家族が維持してきた古民家を維持し、将来に受け継ぐためには、セミデタッチド・ハウスに学び、半分は住居用に、半分はレストランや民宿として利用することが、比較的ハードルの低い解決策だと考えている。

農山漁村に観光客を呼び込むに当たっては、農山漁村に関する世論調査で示された、ニーズを十分取り込んでいく必要がある。現状は農村の雰囲気や旬の味わいを提供するものにとどまっているものが多く、農村への移住希望者を含む農家の暮らし、農村をもっと深く理解したい、という需要を取り込むまでには至っていない。

地方をもっと深く理解したいというインバウンドのニーズや、地方創生に就農を通じて具体的に貢献したいというニーズに対し、農家が運営に参画する古民家農家カフェを舞台に、地域の特色ある農産物を核とした農村理解促進・人材育成のためのコンテンツを開発・提供することにより、新たな市場を創造できないだろうか。外部講師と庄内産農産物等の地域資源の組み合わせによる農村理解促進・人材育成コンテンツを開発し、農村の内外の者に提供する新サービスを展開することにより、交流人口を増やし、農村の価値を増大させるのだ。いわば農村価値増大ツーリズムの展開だ。

在来野菜の芋茎

例えば、在来野菜の芋茎（ずいき）。我が家では、ポットに入れ、苗にしてから植えている。庄内では「ずき」、「からとり（乾取）」と呼ばれている。地中にできる芋は煮物に、地上の茎はおひたしなどに使われる。乾燥させた茎は、庄内のお雑煮（丸餅＋乾燥させた「ずき」の茎＋岩のり）に欠かせない食材だ。こうした長く守ってきた素材を活かした食文化ツーリズムへの期待は大きい。

もえもんカフェ構想

農村価値増大ツーリズムの具体的な形として、英国のセミデタッチド・ハウスを参考に、座敷など普段あまり使わない空間（わが家の左半分）の修繕を行い、農家カフェとする。名称は我が家の屋号から「もえもんカフェ」。これを実行に移すステップとして、２０１５年春、山形県の外郭団体である公益財団法人山形県産業技術振興機構に助成金の交付申請を行った。

築１２０年の古民家が持つ魅力を活かしたカフェ・民宿による料理の提供を行うといった方式は、庄内地方においてもいくつかの先行事例があり、これだけで新たな市場を切り拓くには十分でない。

そこで、助成金の申請に当たっては、高い品質を誇る農産物を味わえる古民家農家カフェ訪問の誘因を用意することとした。外部講師や地域の達人による講義・農作業体験・ワークショップ等の農村理解促進・人材育成コンテンツを開発し、場の魅力を高める誘因

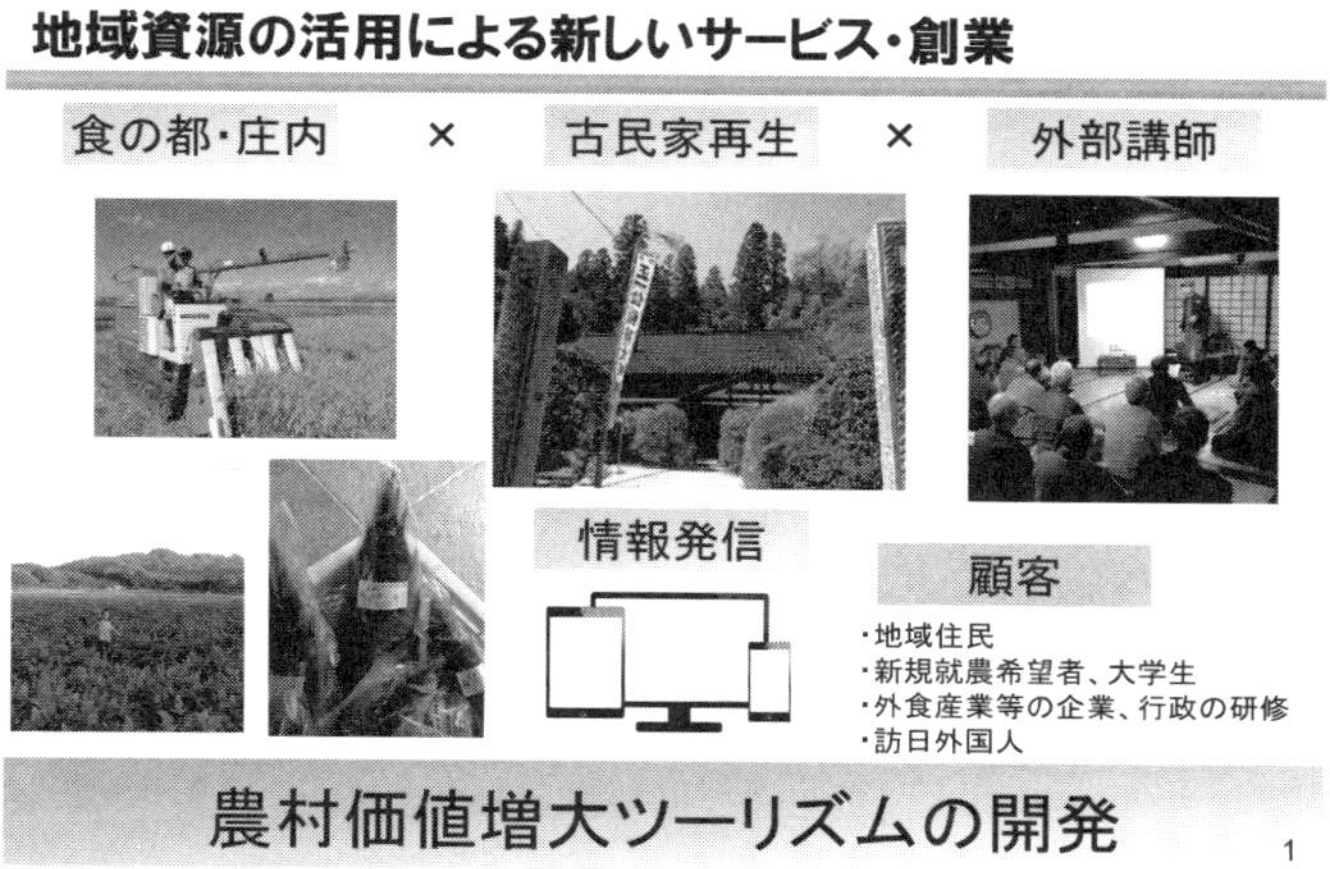

もえもんカフェ構想

とするのだ。顧客層として想定している地域住民、企業・行政研修、新規就農希望者、大学生、訪日外国人等の「農家の暮らし、農村をもっと深く理解したい」という需要に応えるコンテンツを開発し、新サービスを提供するのだ。検討したコンテンツは次の様なものだ。

(1) 庄内米大学

庄内米づくりの達人や調理の専門家から、庄内米の歴史、気候条件、栽培の特徴、食品機能等を学ぶ。田植えや稲刈りなどの体験メニューも提供。

(2) だだちゃ豆NEXT

だだちゃ豆を材料に使ったカフェメ

ニュー（スイーツ）、加工食品（豆腐）を参加者が考え、商品化するワークショップ。
（3）湯田川孟宗と地理的表示（GI）を考える
日本各地には、長年培われた特別の生産方法や気候・風土・土壌などの生産地の特性により、高い品質と評価を獲得するに至った産品が多く存在。「湯田川孟宗」はこれに該当するものであり、この名称を知的財産として保護する「地理的表示保護制度」の活用を参加者が考える。
（4）薪の地産地消システム勉強会
我が家の薪ストーブと山林をフィールドに、自伐林業の専門家等を交え、庄内での薪の持続的利活用を推進する交流会を実施。
（5）英語で学ぶ庄内の農業・農村
留学生、外国人訪日客や英語を学んでいる者を対象とした全編英語のプログラム。
（6）集落の農地・水路における蛍の観察
森片集落において毎年夏に実施している蛍の生息数調査の結果から、これまでに分かったことを学ぶ観察会を実施。

さらに、我が家の蔵書（古書）を活用した「古民家と読書のまちづくり」や、古民家再生や食材を盛り付ける器等の専門家を講師とした勉強会など、一次産品を核としつつ、未利用の様々な資源を活用したユニークなコンテンツを開発し、イベントを開催するのだ。

イベントは、農産物・山菜を使用した料理の提供とセットで行い、カフェの売り上げの増大を図る。

また外部事業者と連携しつつ、古民家農家カフェの運営に必要な専用の予約サイト、訪日外国人等向けの英語版予約サイトも作成する構想とした。近くの湯田川温泉の外国人等を含む訪問客を、古民家農家カフェに誘導することができればおもしろい。当カフェを訪問した者が、宿泊は同温泉を利用するなど、ＷＩＮ－ＷＩＮの関係構築を図りつつ、本事業で作成するチラシを配置させてもらうなどの協力関係を構築する。

更には、だだちゃ豆を材料に使ったスイーツなどのカフェメニューや山菜などの加工食品を参加者とともに考え、商品化するワークショップを行い、開発された商品をカフェ利用者等へ提供・販売することを通じ、農産物の新たな販路を構築する。

残念ながらこの申請は不採択となった。山形市までプレゼンに行ったりしたのだが、思

鶴岡市藤島の古民家カフェ「藤の家」

いは通じなかった。申請の準備を通じ、大学に勤務しながら片手間で取り組むのは難しい、ということにも気づかされた。最大の課題はこれにどれだけ時間を割けるかにあった。助成金はなくとも、マンパワーさえあれば実現できるだろう。いつの日か、誰かと、又は誰かを後押しして、この構想を実現したい。

古民家カフェは身近なところにあった。実は、伯父ちゃん（母の兄）、伯母ちゃん、従妹の由紀ちゃんがやっている鶴岡市藤島の古民家カフェ「藤の家（ふじのや）」は、「つや姫」、「米の娘豚《こぶた》」など地元産の食材を使った洋食、和食が楽しめるお店だ。ハンバーグも人気だが、別の場所でやっていた喫茶店時代からの人気メニュー、ナポリタンもおすすめ。裏メニューの米の娘豚のカレーもおいしい。

4　ＰＴＡからつながる小水力発電

ＰＴＡ活動の縁

山形県鶴岡市にＵターンする直前まで、目黒区立東山小学校のＰＴＡ会長を務めていた。２０１２年４月～14年３月までの２年間、役所に勤務しながらのＰＴＡ活動は大変だったが、仕事とは離れたネットワークが広がった。

仕事とは離れたつもりでやっていたことが、今の仕事につながったものもあるから不思議である。ＰＴＡ会長仲間だった安部裕一さん（目黒区立緑ヶ丘小学校ＰＴＡ会長）は、日本ＮＵＳ社（プラント大手・日揮子会社）の上級コンサルタントとして、庄内平野への純民間事業による小水力発電の導入に取り組んでいた。庄内平野の南部を流れる一級河川・赤川の農業用水路に海外メーカーが開発した水車８機を開水路方式で設置（最大出力約１・６メガワット）というプロジェクトだった。

開水路方式での水車の設置により水路から水があふれ出てしまう可能性等から、行政や土地改良区の理解は得られない状況だった。また、水利権の問題から年間を通した発電ができないことが事業採算性のボトルネックとなっていた。そもそも、国営事業で整備された水路での事業実施に当たって、水路の他目的使用許可を具体的にどう与えるのか、前例がなかった。「なんだ、うちの親父が組合員の土地改良区じゃないか」。ＰＴＡの会合で状況を聞き、Ｕターンしたら一緒に取り組もう、という話になった。

小水力発電の基本は、水路の構造に最も適した水車を選定することにある。水の流れを利用した発電の出力は、その落差と流量に大きく依存する。平野部に張り巡らされた水路を活用する場合には、落差をいかに確保するかが課題となる。多くの場合で、数十～数百メートルの配水管を導入して有効落差を確保するため、設置コストが割高になる傾向がある。安部さんが導入を目指していた水車はフランス製で、２メートル程度の落差でも流量があれば大きな出力を得ることが可能という強みがあった。庄内平野の水路にも応用できる可能性があった。

しかし、人口が減少する山形県庄内地域の未利用地域資源に着目し、投資を検討している企業に対する地元の対応は、改善の余地があると言わざるを得ないものだった。この水車が赤川の水路に適したものなのかどうかは、さまざまな角度から吟味しなければ分からない。メリットとデメリットが混在している。だからこそ、オープンに検討し、より最適な水車を求めていくという姿勢を欠いては、農村の所得を向上させる機会を逃してしまうことになる。地方創生の取り組みに共通する課題である。

昨年11月、私が特任講師を務める東北公益文科大学の「地（知）の拠点整備事業」（文部科学省補助事業）の枠組みを活用し、「庄内小水力利活用推進円卓会議」を立ち上げた。座長は、水車・風車の専門家である本橋元教授（鶴岡工業高等専門学校）にお願いした。既に庄内平野で発電事業に取り組んでいる企業や、国・地方の行政機関、地元金融機関、土地改良区、そして安部さんにも参画いただいている。

曽祖父・皆川建蔵は、旧赤川土地改良区連合の理事長であった。先人が築いた水路をどう活かし、継承するか、問われているような気がしている。（２０１５年2月）

再生エネルギーで地域の活性化を

人口減少の懸念の増大を踏まえた地方創生が声高に唱えられ、しかし現実は遅々として進んでいない。庄内で働く若者を増やしていくためには、地域の中にやりがいと所得を確保できる職場を継続して創出していくことが必要である。地方への工場の進出に陰りが見られる中で、地域にある、そのポテンシャルが十分に活用されていない様々な資源を磨き、雇用の受け皿を創出する仕組みを構築することや、所得の増大につなげていくことが重要である。

慶應義塾大学先端生命科学研究所を核とする鶴岡市のバイオサイエンスパークが生み出すベンチャー企業に光が当たっている。研究開発のシーズをビジネスまでつなげる、地方創生の大きな軸が形成されつつある。

私は、もうひとつの大きな軸が必要であると考えている。それは、資本や組織力に恵まれた限られた科学者、グループだけではなく、地域の伝統・文化を受け継いできた農家や地域住民、中小企業などコミュニティーに根差した〝地域で有効活用されていない資源〟を活かしたビジネスである。新たな産業、ビジネスの創出には、必ずしも未知の素材や革新的な技術が必要となるものではない。従来は、別の用途に利用されていたものや、ローテクと言われるようなものなどを、組み合わせを変え、新結合させることにより、新たな雇用の芽を生み出すことが可能となるのだ。地域密着型のローカルビジネスであればなおさらのことである。

地域密着型のローカルビジネスを生み出す代表的な地域資源は何か。食料とエネルギーだと考えている。エネルギーと地方が結びつかない、ピンと来ないという人もいるだろう。

現状の私たちの暮らしが、中東で算出される化石資源や巨大な発電所に大きく依存しているからだろう。しかし、かつては薪や炭が暮らしを支え、農村に電力をもたらしたのは身近にある水力や風力だった。

近年、山形県庄内沖に、メタンハイドレートが存在する可能性が高いことが明らかとなり、話題となっている。メタンハイドレートは、ヨーゼフ・シュンペーターのイノベーション理論で言うところの「新しい原材料」にあたるわけだが、イノベーションの源泉は、必ずしもこうした未知の素材だけに限られるものではないのだ。

小水力

例えば、庄内平野に張り巡らされた水路、その小水力。未だ埋もれた地域資源をもっと活かせないものだろうか。地域における資源を活用したイノベーションが起きにくくなっているとすれば、それはなぜなのだろうか。今後、地域資源をフル活用し、来るべき人口減少社会に立ち向かうには、どのような取組みが必要となってくるのだろうか。

私がＵターンしてすぐに取り組み始めた国営造成施設であ

る農業水利施設（国営水路）等への小水力発電の導入推進から浮かび上がった課題、可能性について紹介したい。大学を含む地域の関係者の連携をどのように進めるべきかといったことの参考になるのではないかと思う。

誰が小水力に取り組むべきなのか

2016年9月、元国土交通省河川局長の竹村公太郎氏が、『水力発電が日本を救う』（東洋経済）という大変興味深い本を出版している。

その中に、「俺たちの祖先が苦労して守ってきた川」というくだりがある。そうしたことを踏まえ、「小水力は水源地自身がやるしかない」というのが氏の結論である。

私も全く同感である。日本NUS社による国有水路への水力発電施設の設置に向けた一連の動きを渦中で経験し、「水は地域で活かすべき」という思いがますます強くなった。

とは言え、地域に賦存する未利用資源を、一体誰が、どのように事業化するのか、ということは大変に悩ましい問題である。事業化に当たっては、一定の技術力、資金力が不可欠であるからだ。

果たして地元だけで実現できるのか。また資本に加え、水車そのものも国産、地場産であるに越したことはないが、現状は海外製の水車も多く使われている。地域のために地域の資源を地域で活かす、ということを考える意味でも、私が庄内にUターンして真っ先に取り組んだ小水力発電に関する一連の経過を振り返っておきたい。

土地改良区への相談

2014年4月6日、庄内赤川土地改良区理事（大泉地区総代）の佐藤一真さんにお会いするために、父・和中とともに鶴岡市矢馳のご自宅へ伺った。庄内赤川土地改良区が管理する国営水路に、日本NUS社が日本への導入を検討しているフランス製の水車を設置することができないのか、相談するためだ。

一真さんは、農林水産省東北農政局の出先機関である赤川農業水利事業所が小水力発電に取りくみつつあることを教えてくれた。一真さんは、小水力発電についてインターネット等で情報収集をされており、私からの説明についての理解が早かった。小水力発電の導入により、賦課金（農家が土地改良区へ納める負担金）の軽減につながっている改良区があることを把握しており、そうした事業になるのであれば魅力があると感じている様子だった。

赤川農業水利事業所の検討案については、発電設備の更新時の費用の捻出に不安があった。売電収入の多くが設備更新のための積立に回されることになれば、賦課金の軽減につながる部分が薄れ、何のための事業なのかわからなくなるという課題を抱えていた。

私は自分の考えを伝えた。

「公共事業のための公共事業では駄目だと思う」

日本ＮＵＳの提案が最善の策かどうかは分からない。しかし、一番の問題は、提案そのものが、土地改良区の末端の組合員に何ら説明がないままにお蔵入りとなってしまう意思決定プロセスにあると感じた。農家の負担が軽減されるのかどうかを検証し、最終的にデメリットが大きければ実施しなければ良いのであり、情報が組合員の農家に共有されないのはどうしてなのだろうと感じた。

一真さんは率直に言う。

「正直なところ、こういう役職にはついているが専門的な知識には乏しい」

私は常々父にぶつけている不満を一真さんにも伝えた。

「農協もそうだが、土地改良区も組合員の組織。農家主導で決めて行かないといけない。結局のところ、最後の負担は農家にまわってくるのだから」

土地改良区の負担が回りまわって自分に来ていることをきちんと認識している農家は実

は少ない。きちんと話を受け止めてくれる一真さんのような理事が地元にいることは心強かった。

純民間事業からの撤退

２０１４年4月14日、日本ＮＵＳ社は、庄内総合支庁において、純民間事業としての小水力発電事業からの撤退に関する説明会を行った。

今にして思えば、日本ＮＵＳ社の撤退は私のＵターンの前からの既定路線であり、純民間事業としては撤退だが、Ｕターンした私も交え、地元が中心になって事業化する動きをサポートしていくという路線に転換して行く過程にあったということなのだろう。

その説明会には、赤川農業水利事業所、庄内赤川土地改良区の担当者などが出席したとのことであり、撤退との話を聞き、「ほっとした様子」だったそうだ。また、日本ＮＵＳ社は、同日、地元の工務店など、小水力発電の導入に向けた取り組みを様々手伝ってくれた事業者向けの説明も開催している。

その晩、私の友人の農家2名（冨樫俊悦君、松浦尚宏君）を日本ＮＵＳの安部さん、石黒さんに紹介した。日本ＮＵＳ側は、水路関係者に止められ、これまで農家と接触したこと

友人農家２名と一杯飲みながら

はなかったそうだ。我が家で一杯飲みながら、安部さん達の苦労話に耳を傾けた。
水車を数基設置することで、出力が１０００キロワット級の発電となるという構想は、農業用水路を活用した小水力発電ではかなり大きな部類に入る。このポテンシャルをなんとか活かせないものだろうか、と思ったが、末端の農家まで情報が下りないままに、純民間事業という一つの可能性は、幻となってしまった。

庄内赤川土地改良区

２０１４年４月28日（月）、日本ＮＵＳからの提案がどのように受け止められ、処理されてきたのかを確かめようと、庄内赤川土地改良区の職員に面会した。その職員は次のようなことを言った。
・日本ＮＵＳが小水力発電を検討している国営水路は県管理のものである。したがって売電収入は県の収入になり、土地改良区には一切収入が入ってこない。

・国営事業による小水力発電の設備については、約6か月間の協議を経て、特例的に土地改良区の財産としてもらうこととなった。これにより約４６００万円の売電収入が土地改良区に入ることになる。
・冬季の発電について、日本ＮＵＳの発電機は、流量が最低2トンは必要。冬季はそもそも流量が7トンほどしかなく、水利権の調整は極めて難しい。
・水路の役目は一義的には農家に水を届けること。オーバーフローなどの問題が懸念されるので、バイパスが必要と言っているのだろう。
・先日の会議（4月14日に庄内総合支庁において開催された、日本ＮＵＳ社による、純民間事業としての小水力発電事業からの撤退に関する説明会）の際には、県による補助事業により導入の実現を検討することについて、県も前向きだった。自分としては、水車を水路に直接設置できるのであれば、メリットがあることは理解するが、あくまでも水路の管理は県であり、県がいいとなれば話が進むのではないか。

「売電収入はすべて県の収入になる」という、庄内赤川土地改良区の職員が述べた話は、日本ＮＵＳから聞いていた話とは異なるものだった。水路の管理に関する国・県・土地改良区の役割分担の説明がはっきりしないためだろうか、話が堂々巡りになっていた。日本NUSは終始この調子で振り回されてきたようで、可哀そうだった。

鶴岡市長に直訴

5月1日（木）、伯父で市議会議員の今野良和とともに、榎本鶴岡市長を訪問した。なぜ鶴岡に帰ることにしたのか、という質問に、私は

「家が傾いてきたからです」

と答えた。真っ直ぐに答え過ぎたためか、一瞬、会話が止まったような気がした。後になって気が付いたが、家が傾くような市政とも受け取れ、嫌味に聞こえたのかもしれない。もちろん、そんなつもりはなかったのだが。

市長にお渡ししたUターンして取り組みたいことを説明するペーパーの中には、小水力発電のことも記載していた。折角の機会なので、以下のペーパーも持参し、やんわりと直訴した。当然だが、結局のところは、これについては動いてはいただけなかったようだ。

26・5・1

4　ＰＴＡからつながる小水力発電

皆川　治

鶴岡の地域資源を活かす

鶴岡にはまだ活用されていない地域資源が眠っている。地域の関係者（市、土地改良区、県、農水省、国交省等）が連携・協力し、国営水路に最適な水車を設置した小水力発電に取り組むことができないか。

民間事業者日本ＮＵＳの試算では、６か所への設置で、発電容量ベースで約１・２メガワット（約１０００世帯分）。夏場だけの稼働（年間１３５日）で、ＦＩＴによる１年間の売電収入は、約８～９０００万円。したがって、水車の設置費用（１基当たり約１億４０００万～５０００万円）や土地改良区による見回りコスト等を考慮したとしても、民間事業として成り立つ可能性がある。

〈メリット〉

○「従属発電」のため、水利権手続きが容易

○初期投資が抑えられる

○安定した水量による、ＦＩＴ（固定価格買取制度）による売電
⇓　地元農業者等への還元により、地域が潤う持続可能な事業となる可能性（また、非常用電源としての利用も一案）

〈解決すべき課題〉

×　国の出先（赤川農業水利事業所）、庄内総合支庁（農村計画課）の姿勢
・別途、国費による小水力発電を検討中。売電収入では投下資本を回収できない、持続可能でない事業
・オーバーフローを防止するためのバイパス（コストアップ要因）をつくれば認める？
※バイパスを作らず、水路に水車を直接設置した場合、１基当たり設置費用は１億円程度へ低減。
△系統電源への接続　↓　東北電力との調整が必要
△通年発電のための冬期の水利権の確保　↓　国土交通省等との調整が必要

【ポイント】

十分な検討が行われないままに、地域に利益を還元できる機会を逸するとすれば、最終的に不利益を被るのは農家や市民。

民間の技術と知恵を取り入れつつ、地域にとって最大限活きる事業にブラッシュアップすべき

（検討の結果、デメリットが大きければ実施しなければ良いだけ）

以上

このペーパーが渡ったからだろうか、５月13日、農林水産省から鶴岡市の農林水産部長として出向してきていた方が私の自宅を訪ねて来られた。赤川農業水利事業所長が私を訪問したいとおっしゃっているのだそうだ。いやいや私から訪ねますよ、と答えたのだが、いやあちらが訪ねるのだと譲らない。結局、私が伺ったのだが。

山形における小水力発電のポテンシャル

山形県が２０１２年３月に策定した山形県エネルギー戦略によれば、山形県における中

山形県内地域別の再エネポテンシャル

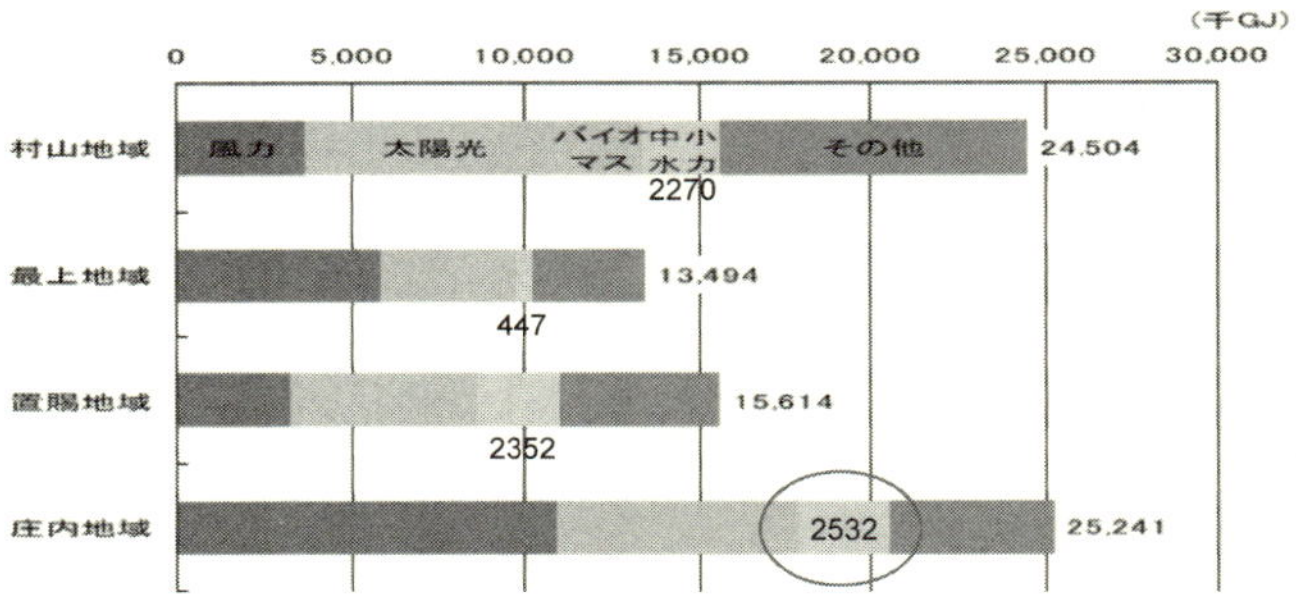

「山形県エネルギー戦略」より抜粋

小水力ポテンシャル

小水力エネルギー（中小河川＋農業用水）による発電は、現状３０００キロワットであり、これを２０２０年までに６０００キロワットに、２０３０年までに2万キロワットに高めていくこととされている。

また、同戦略によれば中小水力エネルギーの発電期待可採量は、43万５５３５キロワットであり、そのうち農業用水は８万２９１キロワット（全体の約18％）とされている。また、山形県が平成23年度に県内の16の土地改良区へ実施した調査によれば、発電の可能性がある箇所は96箇所であり、その出力の合計は７４１０キロワット（うち庄内地域については20箇所５１０キロワット）とされている。

農業用水路を活用した小水力発電について、

現在、国内に普及している発電方式は、主に水の落差に着目したものであり、農業用水路から導水路・水圧管路を分岐させ、適当な落差（数メートル～数十メートル）が得られる長さまで水を導き発電を行う方式である。この方式は、落差を十分に取るための水圧管路を数十～数百メートル設置するなどの初期投資が大きい一方で、発電量は1箇所当たり数十～数百キロワットにとどまっている。

国営赤川農業用水路については、水路幅が約4メートルを超え、落差が1・5～2メートル確保できる箇所が複数あり、また、夏季においては毎秒10立方メートルを優に超える恵まれた流量がある。発電に当たっては、地理的な条件を十分に踏まえるとともに、水路の形状に適した水車を選定することが重要である。

日本ＮＵＳの安部さんによれば、フランス等の海外において導入されている斜掛カプラン水車（水圧管路を用いず開水路に直接設置するタイプの水車。バイパス水路に設置することを想定）を導入すれば、流量に恵まれた国営赤川農業用水路の持つ特徴、発電ポテンシャルをもっと活かせると言う。

同社の試算によれば、国営赤川農業用水路に、当該水車を8機設置した場合、年間13

5日の農業用従属発電の場合でも、約1600キロワットの発電が可能と見込まれている。これは、「山形県エネルギー戦略」の2020年の目標値（現状から3000キロワットの増加）の半分超を担う量であった。同目標値は中小河川を含んだものであり、中小水力の発電期待可採量の18％に過ぎない農業用水単独でのポテンシャルとしては、大きなものであった。

なお、環境省の「平成22年度再生可能エネルギー導入ポテンシャル調査」によれば、農業用水路への小水力発電導入ポテンシャル（全国）は29万8609キロワット、地点数595、うち山形は1万3000キロワット（愛知、栃木、富山に次ぎ、大分と並ぶ全国4位）、地点数40（栃木、富山、愛知に次ぐ全国4位）とされている。この環境省のポテンシャル調査や山形県の各種数値については、水路幅が広く、流量が多いという庄内赤川型の小水力発電の適地の箇所数を実地に調査したものではなく、斜掛カプラン水車等の新たな技術を勘案した「適地」が反映されたものではない。また、資源エネルギー庁の「未利用落差発電包蔵水力調査（2009）」においても、農業用水路を活用した既開発地点のほとんどが有効落差15メートル以上の地点であるとされているとおり、これまでの開発の検討においては専ら落差に注目が集まり、幅が広く、低落差（1・5～2メートル）、流量が多い箇所に適した水車を活用した発電については十分な検討は行われてこなかった。

一民間企業における庄内赤川という限られたエリアのみの実地調査により、「山形県エネルギー戦略」の２０２０年の目標値の半分超を担うポテンシャルが見出されたことは、その実現性はさておき特筆すべきことであり、今後、更なる現地調査を行うとともに、地域の実情に応じた発電機の選定・導入が行われることが期待された。

庄内赤川の水路のポテンシャル

２０１４年年5月21日、鶴岡を再訪した日本ＮＵＳの安部さんと今後の進め方の打ち合わせを行った。

小水力発電については、何よりも「適地探し」が重要となる。例えば、福島では、土地改良区と神奈川のベンチャーが株式会社を作って小水力発電を検討していたが、肝心の適地がないのだそうだ。福島の幹線水路は幅約2メートルで、流量は毎秒2立方メートルで落差が小さい。それに比べると鶴岡の水路はトップランナーであり、水路の幅約4メートル、流量は毎秒10立方メートルを軽く超える。日本ＮＵＳはそのポテンシャルの大きさに目を付けていたのだ。

土地改良区が抱える情報へのアクセスにも課題がある。青焼きと呼ばれる昭和40年代頃の古い図面が未だに利用されており、図面上の水路幅は6メートルだが、実寸では5メートルということもあるのだそうだ。

また、小水力発電の場合には、灌漑用水の他、工場などの取水権などの権利関係、いわゆる水利権の調整が必要となる。

4月14日の会議では、日本ＮＵＳから庄内総合支庁、赤川農業水利事業所等に、「庄内で小水力発電に取り組むのであれば日本ＮＵＳがサポートします」と言ったところ、雰囲気がガラリと変わったそうだ。

他方で、水車を水路に直接設置する「せき止め型」は、水があふれるといった懸念あり、実証してみせないと理解が得られないだろう、と安部さんは言う。また、農地転用に関する手続きの緩和等が行われれば、水車を現計画の6機から8機に増やせる可能性があると言う。

固定価格買取制度（ＦＩＴ）のキロワット当たりの買い取り価格は、２００キロワット超では29円、１９９キロワット未満では32円となっている。キャッシュ・フロー試算に当たっては、出力を１９９キロワット未満に抑えて、年間１３５日稼動するという前提としている。

安部さんは、「今回取り組んでみて初めてわかったことだが」と前置きしつつ、小水力発電の様々な工程が縦割りになっていることに気付いたそうだ。水路の設計、水門の設計、測量などなど。

日本ＮＵＳは、庄内で組成される事業主体に入るということでも、ＥＰＣ（Engineering Procurement Construction 設計・調達・建設）として支援することでもどちらでも構わないと言う。

大学の役割は何なのだろうか？　小水力発電の普及に向けた種をまく、関係者をつなぐことか。水車の方式、事業主体の組成、水利権など様々な課題があったが、まずは、山形県エネルギー政策推進課に相談に行ってみよう、ということになった。

小水力円卓会議の誕生

当時の手帳をたどると、随分と忙しく小水力のことで動きまわっていたものだと、我ながら驚かされる。

２０１４年5月29日、赤川農業水利事業所に馬籠所長、白山次長を尋ねた。農水省の先輩であり、終始フレンドリーであった。

6月3日、日本ＮＵＳの安部さんとともに山形県庁エネルギー政策推進課を訪ねた。農水省から出向されている農村計画課長、また実際の実施面を担う農村整備課長にも面会した。

6月23日、庄内空港に日本ＮＵＳ・安部さんを迎えに行き、その足で佐藤一真さんのご自宅に伺った。その後、赤川農業水利事業所の白山次長を尋ね、5月29日の表敬時にはできなかった詳細なお話を伺った。

7月23日、鶴岡工業高等専門学校の教授で機械工学がご専門の本橋元先生を訪ねた。

8月1日、日本ＮＵＳ・安部さんに案内してもらい、国営水路を実地に見学した。水の勢いがあり、大変なポテンシャルであると感じた。

9月2日、佐藤一真さんを訪問。

9月8日、㈱ウエノの上野社長を訪問。円卓会議の構想を説明。

9月25日、10時に日本ＮＵＳ・安部さんとともに鶴岡市の㈱渡会電機を訪問。また、13

時に佐藤一真さんを訪問。

10月8日、鶴高専名誉教授の丹先生に面会。山形自然エネルギーネットワークの加藤丈晴氏に円卓会議の構成員を打診、了承をいただく。

10月15日、庄内地域エネルギー戦略推進協議会の終了後、庄内総合支庁と打ち合わせ。

10月31日、栃木県に出張し、那須野ヶ原土地改良区連合参事の星野恵美子氏に面会。

11月20日、第1回庄内小水力利活用推進円卓会議を立ち上げた。


庄内小水力利活用推進円卓会議。これを構想したのはいつだったのだろうか。２０１４年4月28日（月）、日本ＮＵＳからの提案がどのように受け止められたのか、等を確認するために庄内赤川土地改良区を訪問したことは先に触れた。国営水路へ土地改良区以外の民間の事業主体が発電設備を導入するに当たって、そもそも論として国・県・土地改良区の役割分担の説明がはっきりしないためだろうか、日本ＮＵＳは振り回されていた。鶴岡市長にも期待したが前には進まなかった。

小水力に関係する者がテーブルを囲み、庄内の未利用資源・小水力を使い、発電、売電事業を行い、地域活性化に結び付けることを虚心坦懐に議論する。いつの頃からか思いが膨らみ、夏ごろから円卓会議の実現に向けて奔走するようになった。

会議には、山形県の再生可能エネルギー推進課の課長もメンバーになってもらおうとしたが、「現場に近い県の出先機関から出席してもらった方がいい」とか、もっともらしい理由で、なぜだか少し嫌がられた。

シナリオで動く世界を、自由な思いで動く世界に少しでも変えたかった。

円卓会議。

円卓会議

地元で発電に取り組む事業者、電気関係の事業者、再エネの普及に取り組む市民団体、行政、金融機関、建設事業者、土地改良区、そして大学関係者、異業種が出会い新しいものを生む、イノベーションへの期待があった。

そしてまた、大学に属するとはいえ、これは一Uターン者の仕事なのだろうか？　という疑問も持っていた。県や市町村がもっと前面に立っても良い仕事なのではないか。今もそう思っている。

第1回目の円卓会議における主な議論は以下のとおりだ。当面の課題は、「水利権」にあると私は見ていたが、やはり水利権の問題で議論は白熱した。小水力発電は、水が流れていれば安定した発電が期待できる。しかし、赤川の水路の場合には、かんがい期と非かんがい期で流量が大きく異なるという課題が、事業採算性の確保を難しくしていた。

会議では、「河川の水に余裕がない状況では、新たに水利権をとるのは難しい。やるとすれば新たに水源を確保しないと難しい」、「『新たな水源を確保』というのは、例えば、調整池やダムをつくるといったことになる。なかなか民間の方がそこまでして入るのは難しい。そういう意味で、従属発電、既にある水利権を使って発電するのが現実的ではないか」といった発言が河川法担当サイドからあり、多難な前途を予感させた。

庄内小水力利活用推進円卓会議（第1回）における主な意見

○　日時：平成26年11月20日（木）15～17時

○　場所：東北公益文科大学本部棟3階31会議室

民間活力の活用

○県内の中小水力発電については、ほとんどが国・県事業。風力や太陽光のように、民間事業者も入る状況をつくらないと取組みの広がりに欠けるのではないか。

○民間事業者の参入は重要。土地改良区や県企業局などの発電となっているが、民間事業者がどうすれば、どういう課題をクリアすれば参入しやすくなるのか、検討しなければならない。

再エネと地域の活性化

○山形県内での活動が最終的に市民に還元されることが大事。地域の民間事業者中心で進めてもらいたい。地域外の企業が中心となって進めてしまうのではなく、公平性という問題はあるかもしれないが、地域の組織体が結果として残る手法が重要ではないか。

○再エネを地域の活性化にどうつなげるのかは、大事な視点。

○①再エネの供給基地になる、②地域の活性化、という二つの視点がある。これをすべて県内事業者でやるには、技術力などで難しい面がある。地域に賦存するエネルギー資源を、ＷＩＮ－ＷＩＮの関係となるよう開発を進めていくことが重要。

○これから取組みを進めるに当たって、民間資本をいかに活用するかが重要。条件の良いところを、民間の、地元の事業者に実施させ、育てていくという発想が重要ではないか。

落差工※を活用した発電施設（※水路の勾配を安定させるためのもの）

○落差工を利用しながらゴミ問題を解決しているところはある。ゴミの問題があるから落差工は駄目ということはない。落差工の可能性が奪われては困る。

○何かあった場合に下流に水がかからないというわけにはいかない。バイパス管を設け、危険を回避する方式は重要。

○落差工については、除塵だけでなく、あがったゴミの処理までしないといけない。将来的な維持管理のコストをかけない手法の導入が重要ではないか。

設置費用

○（キロワット当たりの費用を見ると、月光川280万円、日向川338万円、庄内赤川225万円〔その後更に上昇〕だが、）乖離の主たる要因は発電施設の設置の効率。例えば、月光川は短い区間の分岐管を利用するが、日向川については5か所の落差工をまとめるバイパス管をつくる。発電施設を設置するための条件整備に事業費がかかる。

○県営3地区については、農林水産省から事業費の半額が補助される。

FIT設備認定・系統連系

○（県営3地区に関し）固定価格買取制度（FIT）の設備認定のためには型式番号が必要。工事を発注しないと型式番号がとれないため、まだ認定を得ていない。また、系統連系の申し込みもしていない。

○水利権

○発電用に新規に水利権を取得し、通年で発電することが大事。

○新規の水利権が取れればありがたいが、使用目的が農業水利であり、冬場は水の

○使用の説明ができない。従って新規については認めてもらえない状況。
○河川の水に余裕がない状況では、新たに水利権をとるのは難しい。やるとすれば新たに水源を確保しないと難しい。
○「新たな水源を確保」というのは、例えば、調整池やダムをつくるといったことになる。なかなか民間の方がそこまでして入るのは難しい。そういう意味で、従属発電、既にある水利権を使って発電するのが現実的ではないか。
○発電用の水利権については、個別具体的な状況で異なってくるのではないか。新規の水源をつくらなければ難しいという場合もあれば、水量に余裕があれば認められる場合もあるだろう。新規に発電用の水利権を取得した事例など、次回以降情報提供いただきたい。
○富山の山田新田地区では非灌漑期でも発電できるように水利権を取得している。
○赤川の農業用水路については、灌漑期は3トン、非灌漑期は5トンが河川維持用水として確保されている。それを確保する中の上乗せで、河川・日本海に豊水が捨てられている。一般の方にはなかなかわからないと思うが、用水路はたかだか10日、15日のために、大きい断面が確保されていて、それが終わると、極端に言えば半分の水量しか流れない。半分の水を上乗せで持ってくれば発電に活用できる材料になる。

以上

前向きな土地改良区、慎重な金融機関

２０１４年12月19日、山家教授とともに鶴岡市藤島地区にある因幡堰土地改良区を訪問した。

11月20日に開催された第1回「円卓会議」の際、水利権に関して積極的に発言をされていた佐藤友二事務局長はとても協力的であった。水をどう活かせばいいのか、真剣に考えており、たくさんの資料を事前に用意し、待っていてくれた。

「円卓会議」で、小水力に関する幅広い情報交換を行ったとして、実際の事業を、誰が、どう進めていくのか。単なるお勉強で終わらせたくはなかった。

２０１４年12月22日、公益大の会議室に、日本ＮＵＳ安部氏、㈱加藤総業加藤社長、㈱

渡会電機武田専務、荘内銀行岡部室長他1名、鶴高専本橋教授、そして私の7名が集まった。クローズドな会議で、事業化の可能性を議論したかったのだ。

日本ＮＵＳの安部さんが説明を行ったが、金融機関からは慎重な姿勢が感じ取れた。日本ＮＵＳサイドも、参加者を「なるほど、これはやるべきだ」と思わせるほどの情報は提供できていなかった。水路の他目的利用による事業化への道は遠いと言わざるを得なかった。

円卓会議その後

２０１５年1月29日、那須野ヶ原土地改良区連合の星野恵美子参事を講師に第２回円卓会議を開催した。

水路を土地改良区以外の主体が活用して発電事業ができるのか。私は、農業用水路を活用した小水力発電については、土地改良区が主体となってやるというのは一番自然な形だと思うが、他方で、専門的な知見、今までにないノウハウが必要になってくることから、もう少し民間の事業者が連携してやる、あるいは市民が立ち上げた事業主体が発電施設を運営するとか、そういったことが考えられるのではないか、と考えていた。そこで、星野さんに、「農業用水路の利用について、土地改良区とは別の民間事業者が関与していくということについてどのようにお考えか」と尋ねた。

星野さんの答えは明快だった。

「特に問題ないと思いますね。農業用水路とかあるいは水に支障を及ぼさないという限定、条件はもちろんありますけれども、それは大いに結構な話だと思います」

また、水利権に関しては、第1回（2014年11月20日）の際の後ろ向きの発言を反省したのか、河川行政担当サイドからは、国土交通省「資源としての河川利用の高度化に関する検討会」の検討状況の紹介もあった。

2月3日、畑田鉄工の畑田社長を訪問。鶴高専と一緒になって出羽水車の開発を行っている。水利権の問題は課題になっており、また、出力の大きな水車の開発は考えていないようだった。

2月12日、円卓会議の座長である本橋先生を訪問した。先生は、円卓会議の出口を気にされていた。私は、最終的な事業化まで実現できればと考えていたが、大学が中心の会議でそこまで担えるのかを気にされていた。

2月24日、加藤丈晴さんの紹介で生協協立社を訪問した。一般に生協組織は再生可能エネルギーに関心が高く、庄内での小水力に関心を示してくれたが、当面は別の事業（風力）に注力する必要があるためか、それ以降、具体的な進展はなかった。

5月29日、日本ＮＵＳ安部さんから加藤丈晴さんに日本ＮＵＳの小水力への取組みの内容を説明してもらった。皆、何か実現できそうな気がするのだが、更に一歩が出ない。

6月1日、何かとお世話をしてくれた庄内総合支庁の沼澤部長が異動となった。エネルギー政策推進課長時代にＮＵＳ案件にシンパシーを感じたが、その後、県庁内での農林水産部の壁が厚かったのだろう。縦割りと言うものはつくづく厄介である。

7月13日、東北芸術工科大学の三浦秀一先生を訪問。日本ＮＵＳ安部さんから説明してもらった。「やまがた自然エネルギーネットワーク」の力も利用できればとの思いもあったが、結局のところは土地改良区など水路の関係者がその気にならなければ前に進まない。

可能性は残されている

我が国は、化石燃料等の資源に乏しい国とされているが、国土の7割を森林が占め、そこから生み出される水資源を利用した水力発電は、明治20年代から行われてきた。大規模開発に適した地点の建設はほぼ完了しており、現在は、中小規模の発電の開発が中心となっている。

庄内平野南部を流れる赤川は、1600年代から農業水利施設が造られ始めたとされ、昭和39年度から49年度には国営赤川土地改良事業が行われている。施設の老朽化が進んだこと等から、現在、平成22年度から30年度までの予定で、赤川二期地区事業（総事業費149億円）が行われており、その事業の一環として、国営水路への小水力発電設備の設置が行われることとなった。小水力発電による売電収入は、土地改良区の収支改善に貢献し、ひいては、一人ひとりの組合員農家の賦課金が軽減されることとなる。したがって、より効率的・効果的な発電方式が採用されることが望ましい。

庄内赤川における国営水路での純民間事業による小水力発電事業の実施検討から浮かび上がったのは、事業実施に関係する様々な関係者（民間企業、国、県、土地改良区）が連携し、地域資源を活かすための枠組みづくりの重要性であった。

誰が開発を担うべきだったのか

国営水路については、土地改良法第94条の6において、「都道府県又は土地改良区等に管理させることができる」とされている。庄内赤川の国営水路については、基幹的な施設の管理は県が受託し、実際の管理は、庄内赤川土地改良区が行っている。庄内赤川において事業化を検討していた民間企業・日本ＮＵＳは、国営水路の他目的利用の申請を行い、小水力発電を行おうとしていた。

これに対し、日本ＮＵＳからの聞き取りによれば、他目的利用の許可権者が誰であるのか、現場レベルで明確にされておらず、交渉相手を誰にすべきかの調整に時間を要した。庄内赤川土地改良区は、他目的利用の許可権者は、国から管理の委託をされている山形県であるとしているが、国営水路を活用した民間企業による発電は、これまでに例のないことであったことから、国、県、土地改良区は、横の連携を十分にとって対応すべきであった。また、庄内赤川土地改良区内においても、事務局と理事等の農家の代表との意思疎通が十分ではなく、農家レベルまで民間事業のメリット、デメリットを説明する機会が与えられなかった。

また、この民間事業者の計画では、年間１３５日の農業用従属発電のみによる発電計画となっているが、通年での発電が可能となれば、事業の採算性が大幅に改善することとなる。そのためには河川法23条に基づく許可手続き（国土交通省との調整）が必要となる。更には、発電した電力を系統電源に接続するための電力会社との調整も必要となる。また、固定価格買取制度（ＦＩＴ）に基づく売電収入について、日常的に水路の管理を行っている土地改良区に対し、どのように配分するのかといった課題もある。

このように、多くの利害関係者がいる中で、国営水路の所有と管理を行う国、県、土地改良区の関係・役割分担に曖昧さがあり、誰を交渉相手とすべきか明確にされなかったことから、民間企業と地元関係者との調整が大幅に遅れることとなった。また、当該民間企業が提案する開水路への直接設置方式による発電設備の導入については、用水が溢れ出す可能性を回避するためのバイパス水路の設置等をめぐり、これまで前例がなかったことから慎重な検討が行われ、想定される初期投資が膨らんでいった。最終的に日本ＮＵＳは、純民間事業による投資回収が難しいと考え、２０１４年4月、事業の推進を一旦断念することを現地関係者に伝達したのだった。

大学が関与した意義

開水路への直接設置方式の本格的な小水力発電設備の導入は、庄内地方のみならず、全国的にも例がない取組みであり、また、国営水路への設置を検討したことから、官から民まで関係者が多岐に渡り、水利権の問題も複雑であるため、事業推進のための現地側の受け皿が定まらない状態が続き、計画は宙に浮いた形となった。

来るべき人口減少社会に立ち向かうためには、本事例に見られるような農家の所得の向上、負担軽減の機会をできる限り活かし、地域全体の活力を高めていくことが不可欠である。地方においては、前例のないことへの取組みにまだまだ二の足を踏む傾向がある。

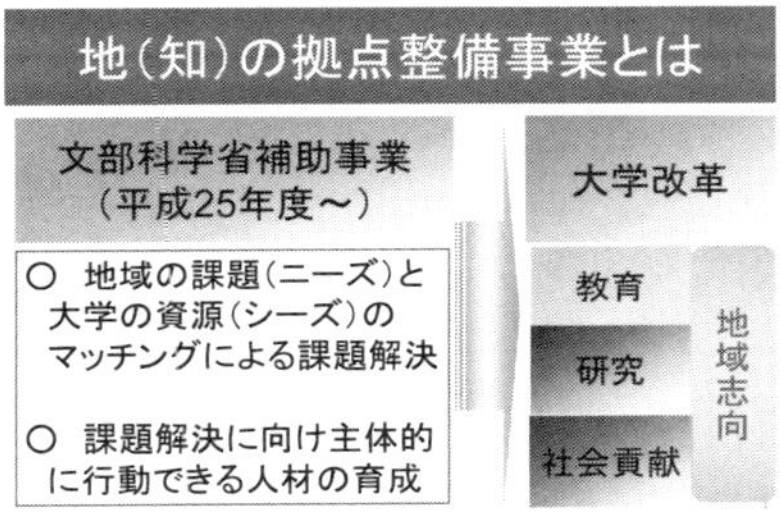
地(知)の拠点整備事業とは
文部科学省補助事業
(平成25年度〜)
○ 地域の課題(ニーズ)と大学の資源(シーズ)のマッチングによる課題解決
○ 課題解決に向け主体的に行動できる人材の育成
大学改革
教育
研究
社会貢献
地域志向

行政側にも、人口が減少する山形県庄内地域の未利用地域資源に着目し、投資をしようとした企業に対する対応として、改善の余地があった。今後は、地域の所得を向上させる機会を逃しているこのような地方・行政双方の意識、体制を改善していく必要性がある。

国と県等の地方との間、国の行政機関間、官と民の関係等を整理し、事業化を図るためには、大学の有するシンクタンク・コーディネイト機能を活用しつつ、関係者が適切な役割分担の下に、連携して課題の解決に取り組むスキーム作りが重要である。

東北公益文科大学では、平成25年度に、文部科学省の「地（知）の拠点整備事業」の採択を受けており、地域の複合的な要因に基づく課題の発見から調査・研究、解決策の立案、合意形成、実践までを、多様なプレーヤーと連携しつつ実施していく取組みを進めている。また、起業文化の醸成を含む人材育成の取組みにも同時並行的に取り組んでいる。

国営水路での純民間事業による小水力発電の導入検討の事例に見られるような地域の課題に、大学が「知の拠点」として向き合い、地域力を結集する多種多様なアクションプロジェクトを展開している。試行錯誤の過程にあるとは言え、地域に眠った資源を活かすことで人口減少に立ち向かう取組みに、大学が関与する意義は大きいと考えている。

5　風と庄内平野

庄内平野を吹く風

庄内平野の視界を遮る地吹雪が去り、鳥海山の残雪と山肌のコントラストが美しい季節となった。毎年、春の種まきシーズンを知らせる「種まき爺さん」の文様が山肌に現れる4～5月になると、農作業も忙しくなってくる。庄内地方へUターンして1年、この間、地方に対する世の中の視線が変わってきたように感じる。地方で暮らす、ということが、前向きに受け止められている。4月の苗出しには、私が勤務する東北公益文科大学の学生も参加してくれたが、地域活性化に関わりたいという若者が増えている。

先日、「地域でそれなりの立場になって若い人に語り掛けても、後を継ぐ者がいないと話を真剣に聞いてもらえない」という話を聞いた。地域でリーダーを務める、地域で生きることの難しさについて考えさせられた。就職の時、父に「10年経ったら帰って来いよ」と言われたが、その時は、農家を継ぐということの結論をうやむやにできた程度の認識しか持てなかった。7年遅れのUターンで、父には苦労をかけた。

鳥海山の残雪と風車

大手広告代理店を退職し、庄内にIターンした加藤丈晴氏は、羽黒山での山伏修行を行いながら、木質バイオマスなど再生可能エネルギーを活用した地域活性化に取り組んでいる。ご子息はわが家の長男と同じ小学校に通っている。「子供には庄内に帰ってきて欲しいと伝えたい。絶対に帰ってきたいと思える地域にしよう」と熱っぽく語る。私も、そういう地域にしたいという思いが強くなっている。

小学生時代、地吹雪の中、頬に突き刺さるような風を受けながら3キロメートル弱の道のりを歩いて学校に通った。あまり良い思い出のない「風」だが、地域では、それを活かそうと取り組んできた。立川町（現庄内町）では、1990年代に地方自治体として初めて風力発電による系統接続を実現した。きっかけがふるさと創生1億円事業だったことも興味深い。また、2000年代には、酒田市に国内初の洋上風力発電設備が導入された。風を活かす取り組みをさらに進めるためにはどうすればいいのか、その課題と対応策について、小生も参画した検討が提言になり、2015年5月、『日本海風力開発構想』（山家公雄編著、エネルギーフォーラム）として書籍化された。風力に秋田・山形の地域再興の夢をかける東北公益大の町田睿《さとる》理事（フィディアホールディングス取締役会議長［当時］）の呼びかけに始まり、山家公雄特任教授（エネルギー戦略研究所所長）が中心となり、地元で風力発電に取り組む加藤総業の加藤聡社長、機械工学が専門の鶴岡工業高等専門学校の本橋元教授が参画し、議論を重ねた成果を取りまとめたものである。

地元では動植物への影響や景観との調和への関心が高いが、同書では立地、接続、資金の三つの制約に包括的に対応していくことの重要性を主張している。1年前、自分が風力発電に関わるなどとは思いもよらなかった。悪風、逆風も活かしようということか。（2015年5月）

町田理事との出会い

町田睿理事（フィデアホールディングス取締役、元株式会社荘内銀行頭取）に初めてお会いしたのは、私の採用が決まる直前の2014年4月24日だった。4月に東北公益大の学長職を退いたばかりであり、大学の「地（知）の拠点整備事業」の統括理事を務められていた。荘内銀行の東京支店を尋ねると、一応は面接ということの様だったが、そうした手続き上のことはさて置き、にこやかな中にも威厳を感じさせる町田さんのお話に引き込まれた。

町田さんの波乱万丈の人生は、秋田魁新報社から出版されている『銀行に生き、地域に生きて』を読んでいただきたいが、都銀の中枢を歩まれた後、荘内銀行に移り、同行の決算承認銀行からの脱却、大型店の中へのインストアブランチの導入と女性の活用、北都銀行との経営統合などの陣頭指揮を執ってこられた。

同書の中には印象深いくだりがある。「お客様の悩みを解決するのが仕事」ということを強く訴え、行員への浸透を図る場面だ。いわば経営の哲学とも言えるそのお考えを、大学の究極の役割も、地域の課題、悩みを解決することにあるのだ、という形で、繰り返し、粘り強くご指導いただくことになった。

町田さんは、私のような若い者の意見にもじっと耳を傾け、国の政策動向、世界経済の動き、はたまた庄内の精神文化も交えて、お話をしてくれる。こう申し上げては大変失礼なのだが、初めてお会いした時に、祖父に似ている、と思った。正確には、私たち若い世代が失いつつある、実直に地域、国家の行く末を憂う姿が重なったのだと思う。

初めてお会いした日に印象的なことがあった。同席していた方が、「補助期間が終わる5年後は、（雇用契約は）どうなるかはわかりませんよ」と言ったのに対し、「それはその時点でご本人がどうしたいか、考えることでしょう」とおっしゃってくれたのだ。その日からすっかりファンになってしまった。

風力で地域おこしを

東北公益大の町田理事は、秋田県に自身が会長を務める北都銀行が出資するウェンティ・ジャパンという風力発電会社をつくり、風という資源を活かした地域再生の可能性を本気で追い求めていた。そうしたことから、同じ日本海側にあり、風況に恵まれた山形県庄内地方の動きを気にしていた。環境省のＨＰには「手続き中の環境アセス」の案件が掲載されているが、２０１４年の時点で、山形県内での風力発電の案件は一つも掲載されてはいなかった。その頃から、町田理事には、大学のイニシアティブで庄内地域での風力発電を加速させることはできないか、という考えがあったようだ。

公益大が２０１３年に採択を受けた「地（知）の拠点整備事業」の枠組みを活用し、再生可能エネルギーを含むエネルギー問題の専門家である山家特任教授を中心に、地域の関係者が参画する「風力発電推進有識者会議」を立ち上げ、議論を進めることとした。

２０１４年８月６日、その「風力発電推進有識者会議」の１回目の会合が、公益大で開催された。

冒頭、山家特任教授から、世界、日本、山形の再生可能エネルギー、風力発電の状況説明があり、その後、意見交換を行った。

当時、世間を賑わしていたのは、民間研究機関の「日本創成会議」が、2010年から40年にかけて20~39歳の女性が5割以下に減る自治体を消滅可能性都市と定義した提言だった。全国の約半数に当たる実に896の自治体が〝消える〟と言うのだ。秋田県では大潟村しか残らない、庄内でも2市3町が無くなってしまうという若年女性人口の予測から導き出されたデータは、衝撃をもって受け止められていた。各メンバーの委員の根底、共通の認識として確認されたのは、「地方消滅」への危機意識だった。

一方で、地球規模で考えれば、人口が爆発的に増加する中で、食料とエネルギーの安定確保が大きな課題となっている。秋田も山形も食糧基地であり、また自然エネルギーの基地として、地方創生のフロンティアたり得るのではないか、という展望が示された。また、再生可能エネルギーの固定価格買取制度(FIT)が2012年7月にスタートし、これに地域が取り組んでいかない手はない、というのも共通した見方であった。

新興国の経済発展に伴い、国内の製造業は海外への製造拠点の移転を本格化させ、地方でも空き工場が目立つようになってきていた。そのような中で、風力発電は、部品点数で2万点を超え、その製造、維持管理までを取り込むことによる雇用創出への期待も語られた。

再生可能エネルギーについては、良いことずくめではない。他地域では風力植民地とも言うべき状況が出現しており、外資を含む、地元外の資本によって事業が行われていることへの懸念が示された。風を地域の資産として、地域が主体的に活用していくこと、つまり、大手も参加するが、地域の、地場資本中心でいくことの重要性についても触れられた。「地元、地元」と言いながらも、最後は公募にされ、大手に取られてしまうことへの不満、危機感も背景にあった。

風力発電の普及に向けた課題は何か。真っ先に課題に挙げられたのは環境アセスを含む立地に関する規制だった。特に、環境アセスの手続きに時間を要することが、事業化に時間がかかることにつながっているとの指摘があった。

林野庁の制度である「緑の回廊」によって開発にストップがかかるケースも多いこと、農山漁村再エネ法の施行により農地法には風穴が空いたが、農振法（農業振興地域の整備に関する法律）の障壁は依然として残されていることも話題に上がった。

発電した電気を消費地へ輸送する送電網についても議論は及んだ。山形県が２０１２年に策定した「山形県エネルギー戦略」の２０３０年度における目標値、風力45・8万キロワット、太陽光30・5万キロワットの開発目標の達成のためには、送電線の容量が足りず、それが再エネ開発のネックになるというのだ。風車を建てたいと思っても、発電した電気を輸送する送電網の容量に余裕がない場合には事業化は難しい。大手事業者であれば送電網を整備する特定目的会社（ＳＰＣ）を設立するなど、先行投資もできるが、資金力の乏しい庄内地域の地元資本が先行投資することは現実として難しい。系統容量の制約をどのように克服するかが、いずれ大きな課題になることが予想されていた。

「風力発電推進有識者会議」のゴールをどこに設定するのか。立地制約などの課題への政策提言に加え、事業化を視野に入れたコンソーシアム（共同事業体）の必要性についても言及があった。

先進県の風力発電拡大戦略

庄内地域での風力発電を進めるためにはどうすれば良いのか。「風力発電推進有識者会議」という地域の関係者が参画する検討の場を立ち上げたが、先進的な取り組みを行う地域、事業者等から現場の課題をさらに深く伺う必要があった。

２０１４年8月7日、風力先進県の担当者を訪ねた。当該県の担当者は、風力発電の現状と行政の取組について説明してくれた。

各都道府県が策定するいわゆる「エネルギー戦略」では、再エネ供給の先進県を目指すことが第一の目標となるが、その県では、再エネ分野の製造業の育成・創出を最も重視していた。つまり、①風力発電のマーケットを更に拡大し、②メンテナンス、部品供給などの県内企業を育成する、③大手を含め研究開発、メンテナンス拠点の誘致を図る、という製造業の育成・創出に係る好循環を生み出すというストーリーを描いているのだ。事業者に対しては、相談・情報提供から制度資金の融資まで、総合的な支援策を講じていた。

風力発電の導入量では、全国でも上位の規模となっており、県内事業者主導比率も現状の10％程度から25％程度まで高める構想だという。また、風力の導入拡大の勢いが息切れしないよう、県有地を活用した風力発電事業者の公募を実施し、地元の有力地方銀行が競い合う形での事業が推進されていた。

また、農地への風力発電の立地については、県全体の方針として農業の再生・振興が重要であることから、ある程度の緩和は求めるにしても、法律などの根拠の見直しまでは求めない方針としている。当該県の場合には、あえてチャレンジしなくとも適地があるということのように感じられた。

また、港湾内・外での洋上風力の導入検討を進めていた。洋上風力発電については、港湾外の外海はルールが明確でない状況にあることを踏まえ、ルールが明らかな港湾内から着手することとし、国のマニュアルに沿った適地の設定が進められていた。

洋上風力発電については、着床式に向いているのは水深50メートル程度までという話もあるが、当該県では30メートル程度までと考えられている。県が調整を行うのは海域の利用状況などの情報の整理までという考え方であり、県漁協だけでなく支部漁協まで県から情報を提供している。また、送電線を並行して整備する必要があり、国の補助金の採択に向けた検討が行われていた。

沖合展開に関する情報については、ノウハウを保持する観点から、Ｗｅｂなどのオープンソースには載せないようにしており、他方で、県が主催する会合には一般の傍聴者の参加も認めており、オープン性も担保している。参加者の6~7割は東京の大手となっているそうだ。県民の世論を考えても陸上は上限に近づきつつあり、今後は洋上風力に力点を移す方針だと言う。

地元企業が連携した風力発電事業

風力発電を推進する実際の事業者の動きはどうなっているのか。

２０１４年8月、東北地方において風力発電事業に取り組む事業者を訪問した。この事業者は、地方銀行や地元の企業が連携し、中央の大きなところに対抗することを狙いとして設立された。売電事業そのものがゴールではない、と言う。１００社規模の企業が参画する風力発電のコンソーシアムをつくり、県内資本による地元利益獲得を目指している。売電収入の多くが東京に持っていかれかねない状況がある中で、地元の企業同士がタッグを組んで戦うと言うのだ。風車のメンテナンスへの対応に当たっても、ブラックボックスでない風車メーカーと組むと言う。

事業化の推進に当たっては、風車1基の設置コストが7億円とも言われる中で、１００億円単位の資金調達が必要となり、地元金融機関との連携への期待は大きいと感じた。送電網のリスクを認識しており、「誰でも利用できる送電網が望ましい」と訴えていた。

風力発電・県内事業者の動き

２０１４年8月、山形県内で風力発電事業に取り組む事業者を訪問した。風力を進める上で、「困っている」という話を聞くのだが、実際のところ何に困っているのか、じっくりお話を聞くためだ。

日本風力発電協会が規制改革会議に風力に関する規制について要望している。そうした全国的に共通した系統連携、環境アセス、農地転用といった課題そのものというよりは、取組みが遅れている行政機関のマインドを前向きにさせることが重要だと言う。また、風力発電の推進に当たっては、地域住民の理解が重要であると指摘する。

事業を実施するためには、当然、資金調達の問題があり、ファイナンスが十分であれば更に拡大できる余地がある。信用力のある地元銀行が入ることによって、地権者との調整がスムーズに行くなど、効果は大きい。

送電網の系統容量については早いもの勝ちになっており、メガソーラーが来れば建てられないかもしれない、と心配していた。

農地への風車の立地のチャレンジ

海岸線の短い山形県では、計画的な土地利用を前提としつつ、風況の良い農地への風車の立地の可能性の模索も必要だ。

２０１４年8月、県内自治体の担当者を訪問した。この自治体では農地の中に風車を立地することに挑戦しようとしていた。

新たな風車の設置のための農地転用については、従来、Ⅰ種農地（10ヘクタール以上の規模の一団の農地、土地改良事業の対象となった農地等良好な営農条件を備えている農地等）については、原則転用は不許可とされていたが、「農山漁村再生可能エネルギー法」が成立し、状況に変化が生じていた。他方で、農振法に基づく農用地区域からの除外については、農山漁村再エネ法では規定されていなかった。同自治体では関係者からの情報収集に努めたが、農地法と農振法がタッグを組んでおり、「除外」できないものは転用できないという運用にならざるを得なかった。

農山漁村再エネ法に農振除外に関する規定を整備することについては、ある中央省庁の担当者は、「気付いていなかった」と述べたそうだ。「現場の声が届いていなかった。もっと声を上げておくべきだった」と自治体の担当者は悔しがっていた。

「風力発電推進有識者会議」でのその後の議論

2014年9月、「風力発電推進有識者会議」の2回目の会合が、東北公益大で開催された。山形の風力発電の導入状況については、風車が34基、導入量4・6万キロワットで全国20位。導入ポテンシャルでは全国7位だが、実際の導入では20位にとどまっている。この点に関し、県の動きが見えないという声もあるが、県庁も「本気になっている」と擁護する声があった。しかし、開発を規制する側の仕事もあり、ブレーキを踏みながらアクセルを踏んでいる状況であると言う。隣県の様に、広い開発可能エリアがあり、アクセルを踏むだけで済むという様な環境にはない。

また、風車が設置された写真を見て、「こんなところに人工構造物を立てるとは何事だ」という意見がある反面、「こういう風景が現代ではもっとも素晴らしい」という意見もあり、主観により意見が分かれるとの声があった。これに対しては、エッフェル塔が建った際、パリの街を汚すのかという議論があったが、新しい時代の象徴になった、というコメントがあった。

風力発電の推進に当たっては、初年度、2年目に行う有望地点の抽出などの「地点開発」、環境アセスや地元との調整を含む「システム設計」の課題が非常に大きい。事業化に際して、地元の企業は大企業と比べ自己資本が不足する。これをカバーするため、小口化して地域住民に出資してもらうファンドをつくるというアイディアも披露された。

送電網については、制約の存在を皆に知ってもらうことも大事である。これまで取組みが遅れていた山形に、自然エネルギーの新しい産業を生み出すべく、そのための問題点なり、可能性を提言することができれば、大きな成果につながるのではないか、との意見があった。提言では、立地、インフラ、ファイナンスの3点の制約の克服について盛り込むことの重要性が認識された。

２０１４年11月に開催された「風力発電推進有識者会議」の第3回会合では、議論のとりまとめに向けた議論が行われた。

「大手を使い、大手に使われない地域」となること、「地域おこしの観点から、地域の特徴をどう発展させていくか」という発言があった。地域には高度な技術も資金も不足しがちだが、資金ついては地元の金融機関に目一杯リスクを取ってもらい、技術については、それを使いこなせるスタッフをどう確保するかが大事とされた。

「日本海風力コリドー構想」提言の公表

「風力発電推進有識者会議」での3回の議論を経て、提言の骨格はまとまった。「学長も入った教員が参加する場で、意見を求めてはどうか」、「東北公益大が地（知）拠点整備事業で取り組む7つの課題について、〈地域エネルギー対策〉のこの取組みが見えてくれば、他の教員の取組みにも大いに参考になるのではないか」、との町田理事からのお話もあり、公益大のFSDの一環として提言案についての意見交換を行った。

その後、新田理事長には山家特任教授、皆川が説明を行った。また、吉村美栄子山形県知事への説明には、町田理事、山家特任教授、皆川の3名で伺った。

こうして風力発電の推進に向けた課題について議論してきた成果を「日本海風力コリドー整備に向けた提言　開発推進のための課題と対策」として取りまとめ、2015年3月5日に記者発表を行った。

また、この提言は、山家公雄編著『日本海風力開発構想』（エネルギーフォーラム）として、2015年5月に出版された。

農地への風車の立地検討、その後

２０１５年６月、農地の中に風車を立地することに挑戦していた県内自治体の担当者を再訪した。

農山漁村再エネ法では、Ｉ種農地への風穴があいたが、農振法への手当てはなされていなかった。この自治体では、農地法と農振法は裏と表の関係だと考えており、土地改良事業完了後８年以上経過していることなどの制約はあるものの、農山漁村再エネ法の施行により、農振除外もやりやすくなったはずだと考えていた。私からは、農山漁村再エネ法においては農振法との関係が規定されておらず、法制上は農振農用地区域からの除外は、再エネの推進とは切り離された整理となっていること、したがって、農用地利用計画の変更（農用地区域の変更）を農山漁村再エネ法に基づく計画策定以前に別途議論し、対応しておくというのが本来のやり方なのかもしれない、と指摘した。

結局この自治体が２０１５年９月に策定した農山漁村再エネ法に基づく自治体基本計画には、農地転用を含む風力発電開発案件は含まれなかった。同計画における農地の取扱いについては、もっと早い段階で、行政から、「自治体基本計画に盛り込むことは難しい」、あるいは「できない」という助言があっても良かったように私は思う。法令の解釈をめぐって、末端の市町村がこれほど右往左往していたのだから。

6　湯尻川のホタルとイバラトミヨ

川と生きる

私が住む森片は、全戸数20戸の小さな集落だ。7月下旬、村人総出で河川に繁茂した草を刈り取る藻刈り（もくがり）が行われた。この地域では、草刈りは7月下旬までに行うとされている。特産のだだちゃ豆等の収穫シーズンを迎えることから、カメムシなどの害虫が農作物へ移動するのを防ぐためだ。だから、この草刈りは、主として害虫対策のために行うものかと考えていた。「ごくろめ」（打ち上げのこと）の席で、「草刈りを行う目的は何か」を村の人に尋ねた。村人総出で作業に当たっているものの、「何のために」ということが今一つはっきりと認識されていないように感じたからだ。

最大の狙いは、草を刈り、流れを良くすることで河川の氾濫を少しでも抑制したいとのことだった。森片は、赤川水系の湯尻川の上流に位置し、1971年7月、90年6月、2007年6月、10年9月など、梅雨や台風シーズンの集中豪雨の度に河川から水があふれ、田畑等が水没する被害に見舞われてきた。1991年からは、2008年を目標年次として河道掘削など、「流下」能力を向上させるための河川改修工事が行われてきたが、山形県の資料によれば、想定した地質よりも軟弱であったため対策工事が必要となり事業費が増えたことや、河川事業費が大幅に減額されたことなどから、執行は大幅に遅れているという。

森片のホタル

現在は2030年を目標年次として工事が継続されている。全体事業費43億円、足かけ40年の大事業である。水害があったということは聞いていたが、草刈りとつながっていたのは意外だった。最後まで熱心に草を刈っていたのは、この問題に執念を燃やしてきた自治会長さんだった。時が経つと、そもそも何のためにやっていることなのか、曖昧になってしまうことはよくあることだ。やはり一つ一つ、原点に立ち返って、「何のために」ということを確認することが重要だと思う。

もう一つ、村人総出で取り組んでいることがある。ホタルの観察である。09年から今年で7年目、6月~8月の3か月間、当番を決め一日も欠かさず、どこに、何匹ホタルが観察できたかを記録している。中心となっているのはわが家の隣に住む理科の先生だ。15分ほどの調査で、多い時には70匹を超えるホタルが水田や水路に乱舞している様子が観察される。因果関係ははっきりしないが、農家が農薬の使用量をできるだけ抑えるようになった頃から、ホタルが増え始めたという指摘もある。草刈りや護岸工事も生息環境に影響を与えたことだろう。

また、湯尻川には清流の希少種・イバラトミヨが生息し、秋になれば鮭も遡上してくる。当たり前だと思い、目を向けてこなかった自然環境。ホタル、イバラトミヨや鮭と共生している中で育まれたおコメ、だだちゃ豆となれば、その農産物を見る目も変わってくることだろう。河川の氾濫は、金峰山系の地味に富んだ土壌を田畑に供給していると見ることもできる。自然環境とともにある農業、持続可能な形で次世代に引き継ぐ必要がある。

（２０１５年８月）

村の行事

草刈りやお宮の掃除など、集落の住民が共同で取り組む行事は多い。

２０１４年秋、高校生以来の参加となる大泉地区の駅伝大会に参加した。お盆の頃から練習を始め、９月上旬に本番を迎える。

高校時代、無我夢中で走った私は区間賞を取り、その際の記録はしばらく区間記録として残っていたそうだ。その頃に比べて20キロは増えた体重。今回も無我夢中で走ったが、なんとか区間10位以内には入ったものの、往年の走りには程遠いものだった。それでも、走り切った後のビールは美味かった。

2015年末に参加した綱回しも印象深い。まず、公民館に集まり、蠟燭に火をともし、酒を酌み交わす。その後、村の人が縄を綯い、栃木の火の神さま・古峯神社でお祓いをしてもらった縄を持って、村の一軒、一軒の外周を反時計回りに回る。最後に縄を湯尻川に投げ入れるという奇祭だ。これは、火事を恐れた、防火のための習わしなのだそうだ。この奇祭は2015年が最後。親父に代わって参加した私にとっては最初で最後の夜となった。

自然の中の我が家

私の住む集落では、5月の頭ぐらいから、田んぼからカエルの大合唱が聞こえてくる。故郷の音、夏に向けて、日に日に大きくなっていく。いろんな生き物がいて、私たちの暮らしは成り立っている。

２０１４年６月、隣の家の中里先生から電話があり、駆けつけた。車庫にはフクロウの子どもが。子どもの時、フクロウを直接見たのか、絵本で読んだのか、ずっと記憶が曖昧なままになっている。しかし今回は初めてはっきりと見た。この辺りでもすごく珍しいことなのだそうだ。

２０１６年８月、我が家の裏庭にアカショウビンがやってきた。燃えるような真っ赤なくちばしを私は初めて見た。いつもはすぐに飛び去るそうなのだが、その日は枝に止まり、美しい姿を見せてくれた。

隣家に現れたフクロウ

我が家の裏庭に現れたアカショウビン

その裏庭は、小さな山、森山につながっている。正式には三森山（標高１２１ｍ）と呼ばれ、山を挟んで反対側の清水地区のモリ供養は、庄内地方独特の送り盆の風習とされ、２０００年には国の

わが家の裏庭

苔むした井戸にもみじの葉

ボケの実

無形民俗文化財に指定されている。わが国の民間信仰を理解するうえでも貴重な山が、鳥や植物を保全する役割を果たしているようだ。

２０１６年11月、朝起きると、息子が「真っ赤だ」と叫んでいる。そんな驚く程かと、疑いながら外を眺める。もみじにも黄色や赤など様々な色があるものだ。確かにそのもみじは燃えるような赤だった。

早起きしたのでそのままちょっと裏庭を散策。苔むした現役の井戸にもみじの葉。秋も終わりかけが美しいと感じるのはなぜだろうか。

裏庭を歩いていたら黄色い実を発見した。かりんだろうかと思ったら、ボケ（木瓜）の実だった。春に赤い花を咲かせるが、実がなることを気にしたことなかった。実にはリンゴ酸などの有機酸の他に、果糖などが含まれており、疲労回復、整腸などに効果があるそうだ。少し熟成させてホットリキュールにしたら冬に楽しめそうだ。

農業と平和

２０１６年9月、雨降りの土曜の朝。幼馴染の冨樫俊悦君が古代米を届けてくれた。そういえば２０１５年の8月にふらっと立ち寄った温海温泉のパン屋さんに黒米入りのパンが置いてあり、俊悦君が栽培した古代米・白山紫黒が使われていたことを思い出した。

今回届けてくれた古代米は「神丹穂（かんにほ）」という品種だと俊悦君は教えてくれた。なんとも神秘的な名前だ。背丈が約１・５メートル、ひげも長く、とてもワイルドだが、品を感じさせる。

神丹穂の稲穂

東北でも弥生時代の稲の籾痕が発見されているそうだ。稲作は朝鮮半島から九州に伝わったとする説もあるが、お隣の国にも古代米は残っているのだろうか。この凛とした姿を静かに眺める心があれば、徒に隣国を不安にさせることもないのだろうが。

7　戦後70年とわが家

祖父の思い

庄内地方鶴岡市に羽黒という地域がある。旧羽黒町は２００５年に鶴岡市に合併されたが、今も独自の文化が色濃く残っている地域だ。羽黒山を含む出羽三山は、蘇我馬子に暗殺された崇峻天皇の御子・蜂子皇子がこの地方に逃れ、開いたとされる。明治維新の際には、仕事を失った庄内藩士が開墾や養蚕を進めた地域でもある。

最後の綱回し

この地域に桜ヶ丘という新興住宅地と呼ぶにははばかられる薪を利用する住宅と里山が一体化した地区がある。先日、そこにある「和み処」でアイスクリン（アイスクリームのようなシャーベットのような氷菓子）をいただいていた折、不意に「皆川トシ」という名前が出てきた。「森片（集落）の皆川です」と名乗ると、狭い地域、不思議な縁がつながることがあるのだが、その日もそんな日だった。

森片の「皆川トシ」さんに鶴岡市内の中学校で教えてもらったというのだ。すぐにはピンとこず、父に確認すると、終戦の混乱の中、満洲国で亡くなった曾祖父の弟の未亡人のことだとわかった。子供と共に満洲から引き揚げ、わが家から中学校に通い、教員を務めていたそうだ。曾祖父の弟二人が満洲国に渡り、その一人が現地で非業の死を遂げたことは聞かされていたが、その連れ合いのことまで詳しく聞いた記憶はなかった。

20代の頃の私は、先の大戦で私たちの祖父や曾祖父の世代が常軌を逸した罪を犯したという「自虐史観」へ反発する気持ちが強かった。祖父にも、「こうした報道はおかしいのではないか」と何度か問いかけたが、それについて祖父は多くを語らないまま他界してしまった。寡黙な祖父が、森片集落の神社に、二人の叔父の石碑を建てたのは、私が小学校に入学した年だった。戦争の一端を、時に指導的な立場で担うこととなった叔父達をどんな思いで祀ったのか、祖父は私には一言も語らなかったが、高齢の曾祖父が果たせなかった思いを受け継いでのことだったようだ。晩年の祖父は、喜んで黙々と山の仕事をし、木を植え、物資が窮乏した戦争を潜り抜けたためか、大きく育った木をできるだけ切らずに残そうとする人だった。よく私と二人で山へ自転車で向かったものだが、時々ジュースを買ってくれるばかりで、戦時中のことを話すことはなかった。

祖父はきっと平和な世の中を切実に願った一人だった。私は、避け難い戦争だったかもしれないと思っている。回避できたのでは、もっと早く終結できたのでは、などと戦後、さまざまな論争があった。いずれにせよ小さなわが家も巨大な運命に巻き込まれ、トシ先生が遺され、子どもたちも苦難の途を歩んだ。

皆川兄弟の碑

過去の大戦に学んだ私たち（まだまだ知らないことも多いのだが）は、戦争を未然に回避するということの重要性に今一度、目を向ける必要がある。当時の人々も、国民の暮らしを真剣に考え、しかし、どこかで道を誤り、国家や地域が破綻寸前のところまで行ってしまった。憲法との関係など多くの論点が提起された安全保障政策の見直し論議。私たちの国家、地域、暮らしをどうすれば守れるのか、名実ともに平和安全法

制となるよう、もう少し議論を深め、冷静に結論を出してもらいたかった。（2015年10月）

残されていた書物と不思議な縁

Uターンして2度目の冬、一冬かけて、妻とともに家中の掃除を行った。その中で特に力を入れたのが、家中の引き出し、押し入れ等に放置されたままの書類、曾祖父の世代からの書籍の整理だった。2007年に祖父・哲郎が、また、2012年に祖母・栗が他界し、しばらく経っていたが、わが家にはその前の世代・曾祖父の建蔵の代からの本、書類等が整理できないままに放置されていた。

整理を進めていく過程で、曾祖父・建蔵が書いた「赤川神社」という書が何枚も残されていることを発見した。

『赤川史』（昭和41年、佐藤誠朗、志村博康著）には、曾祖父・建蔵が何度か登場する。赤川土地改良区連合の理事長だった際に、赤川神社の移転があったのだろうか。神社への揮毫のために、何度も練習していたのだろう。

子供の頃、神棚の隣には、曾祖父の大きな写真が飾ってあった。小水力発電のことを調べ始め、初めて知った曾祖父のライフワークや赤川神社との関係。なんとも不思議な縁を感じた。

赤川神社の書

8　雪に埋もれてしまわない地域

雪に覆われる地域

降雪が遅れた日本列島。山形県庄内地方は、ようやく1月中旬になってすっぽりと雪に覆われた。例年、交通機関や果樹・施設園芸等への大雪の影響が騒がれるが、この時期は、有名なレストランでさえ、都会のレストランにシェフを出稼ぎに行かせなければならないほど、客足が落ち込む。また、雪が少ないということも、雪をあてにしてきた人には困った問題である。スキー場はもちろん、この地域の冬の一大産業となっている除雪。行政機関からの委託は、冬場の農家の貴重な収入源になっている。

冬場の収入をいかに確保するのか。これは雪に覆われる地域共通の悩みである。私が子供の頃、敷地内のハウスを薪で加温し、椎茸を栽培していた。一斉に椎茸の笠が開くと市場への出荷が追い付かず、食卓では、みそ汁だけでなくカレーライスにも椎茸が入っており、毎日ため息が出た。収穫後の椎茸のパック詰め作業も大変だった。冬場、ストーブの焚かれた部屋での深夜までの作業。祖母・栗（りつ）も活躍した。中国産が台頭していく中で、市場出荷はやめてしまい、今は朽ちかけたハウスが物置として使われている。

◇〝突然、ぽっと出の、プロジェクト〟（ＴＰＰ）ではなく……

２０１５年末、庄内地方と同じ日本海側に位置する島根県浜田市の「やさか共同農場」を訪問する機会があった。１９７２年、当時18歳だった佐藤隆相談役が入植。当初、山林1ヘクタール、畑20アールからスタートした事業は、経営面積約34ヘクタール、みそやトマトジュース、甘酒などの加工品を含む売上高3億５０００万円を超えるまでに拡大。一昨年には相談役の長男・大輔氏が社長に就任し、さらなる飛躍の時を迎えている。

同農場は標高５００メートルに立地し、かつては出稼ぎで収入を得ていたが、「冬場の出稼ぎを辞めなければ農業経営の発展は見込めない」との考えから、さまざまな努力が重ねられてきた。

まず、施設でのチンゲンサイの周年生産。地元のパート従業員は、冬季も根切りや袋詰めに従事している。大根は、切干大根に加工して付加価値を高め、葉はふりかけの原材料として出荷している。主力産品となったみその生産（年約３６０トン）では、地元のコメ農家が雇用されている。この他にも、大手生協のＰＢ商品であるポップコーン、タカノツメの袋詰めなどを行っている。また、多くの農業研修生を受け入れ、これまでに8集落に19

人が就農・定住することに貢献するとともに、周辺の集落営農組織の大豆生産に出役するなど、地域での存在感を高めている。

「地域で作りやすいものを作っていくことが大事」だと言う同農場では、標高が高く害虫が少ないことを活かした有機栽培に取り組み、市価の2～3割高で販売する戦略に加工を取り入れ、生き残りを図っている。

「〝突然、ぽっと出の、プロジェクト〟（TPP）ではない」という皮肉交じりの言葉に、祭りに積極的に参画するなど、地域に溶け込む努力を重ねてきた地域と共に生きる同農場のプライドがうかがわれた。私たち庄内地方も、本当の意味で出稼ぎをやめ、地域自身が地域の農業に投資していく努力をしなければ、雪に埋もれた地域で終わってしまう。学びの多い出会いだった。（2016年1月）

雪と共に暮らし、春を待つ

雪の中の暮らし

綿雪がはらはらと舞い、軒下には氷柱が。暖冬の影響か、ここ2年は1月中旬になってようやく本格的な冬がやって来た。わが家はすっぽりと雪囲いに包まれ、春まで冬眠だ。

雪が降る前にやらなければいけない作業、雪囲い。両親の手仕事は、ここまでくると素人の域を超えてくる。雪で木造家屋が傷まないよう、何百年もこの地域で伝えられてきた作業。効率とか利益とか、そういうものを越えて生き残ってきた地域。

子どもの頃はそれが当たり前だと思っていたが、自宅から車で30分の距離にゲレンデがあるのは幸せなことだ。東京に暮らしていればスキーに行くのは一大行事だ。スノボを始めた長男はウインターライフを満喫している。スキー場に行かずとも、なんと家の前でスノボができるのだ。

軒下には氷柱が

雪囲い

家の前でスノボ

家から30分の美しいゲレンデ

「昔みたいじゃないよー」という声を聞いて向かったスキー場では、確かにすいすいとリフトに乗れ、ありがたい反面、何だか寂しい。人口減少社会は本当にすぐそこにあった。中国からだろうか、外国人が雪の中で記念撮影をしていた。家から30分の美しいゲレンデをなんとかこれからも残して行きたい。そしてスキー&スノボ好きには庄内への移住をお勧めしたい。

しいたけ栽培

子供の頃、生活の傍らには椎茸があった。我が家の作業場であった〝稲倉〟の中で榾木（ほだぎ）にドリルで穴をあけ、そこに金槌で椎茸の菌をたたき植える。家族総出の作業だった。近所の伊藤祐三君が時々手伝いに来ては、50円、１００円の小遣いをもらっていく。私よりも3歳も年下なのに、結構な働き者だった。

父がどこからかたくさん採れる生産方法を聞いてきたのだろう、椎茸栽培に当たっては色んなことが試された。大きな水槽の中で水に浸したり、トラックで松林に運び寝かしたり、今でも榾木のズシリと思い感覚が手に残っている。

薪ストーブと温水パイプの敷設されたハウスが建てられた時のことはよく覚えている。

榾木と椎茸

米に頼った農業では生活が立ち行かなくなることが見えてきた我が家の、久しぶりの新規事業の立ち上げだった。建設業者が我が家に来て見積もりを示し、100万円位だったろうか、優しい父はそんなものだろうとあっさり契約していたのを子ども心に心配になって聞いていた。

Uターンした2014年春、森林組合から購入したナラの榾木に久しぶりに菌を植えた。放っておいても、思いの外立派な椎茸が収穫できた。水に浸したり、松林に寝かせた効果は、一体どの程度だったのだろうか。

9 「豊水」と発電用水利権

農業用水路での発電

先に、庄内平野での農業用水路での小水力発電のことを書いた。私の関心は、発電や売電事業そのものにはない。この20年で地域の農業産出額はほぼ半減し、特に稲作からの収入の落ち込みが著しい。農業所得の減少を、未利用地域資源を活かして補うことができないか、水路もそうした視点での再評価が必要ではないかと考えている。

一般に水力を活用した発電は、夜間や風が吹かない時に極端に発電量が減少する太陽光や風力に比べ、年間を通じて安定した発電量が得られるのがメリットとされる。しかし、「農業用水路での発電」では、年間を通した発電量が確保できない場合が多いことが課題になっている。なぜ年間を通じて発電できないのか。河川から農業用水路に引かれた水は、春から秋まで田畑に水を供給するかんがい用水として使われる。農作業が行われない冬場は田畑に水を供給する必要がなく、水路に土砂の滞留を防止する水路維持用水をわずかに流す程度の水があれば良い。それ故、庄内平野の農業用水路は、冬場は水がほとんど流れず、時々除雪車から放られた雪を受け止めつつ、ただじっと春を待っている。他の地区はどうか。

２０１６年2月に富山県南砺市の小矢部川上流用水土地改良区を訪問した。この改良区が運営する山田新田用水発電所は他にはないユニークな発電所だ。農業用水路を活用した発電所では、かんがい用水に従属した発電を行う方式が一般的だが、２０１３年に運転開始した同発電所では、かんがい使用水量がほとんど必要なくなる冬季を中心に、農業用水路の空き容量を活用した発電を行っている。

また、２０１５年9月に訪問した山形県山形市の最上川中流土地改良区では、改良区が１００％出資する発電会社を設立し、１９８６年から最上川中流小水力南舘発電所を運営している。２０１２年4月、山形県の吉村美栄子知事が同発電所を訪問し、発電設備の能力に比較して、水の使用が少ないことに疑問を持った。春先、水がないわけではない。知事の訪問をきっかけに、かんがい期の水に加え、3～5月、雪解けで増えた水を使用し、発電が行われることになった。追加された発電量は、いわば雪解け水発電の産物だ。

農業用水路で新規に発電用の水利権を得ることは難しいと言われている。確かに、限りある河川の流量を新たな用途に回すということには慎重な検討が必要になるだろう。しかし、訪問した二つの事例では、冬季に利用されない河川の水を、農業用水路での発電にうまくつなげている。水利権には、安定性の分類上、「豊水水利権」という種類がある。聞きなれない言葉かもしれないが、河川の流量が一定量を超える場合（豊水時）に活用できるようにする権利であり、古くからの知恵と言える。水利使用源としては安定しない「豊水」だが、実は、発電のための取水は例外的に認められている。発電のために農業用水路に取水された河川水は消費されて量が減るわけではなく、発電所を経由して河川に還元されるからだ。何も手を打たなければ、冬場の「豊水」は、河川から直接、あるいは水路を経由して海へ注がれるのみだ。雪解け時の豊水を利用した発電は日本海側などでもっと検討される余地があるのではないだろうか。（2016年4月）

水は本当にないのだろうか？

2014年11月に立ち上げた「庄内小水力利活用推進円卓会議」の議論においては、「発電用に新規に水利権を取得し、通年で発電することが大事」であることが指摘された。
他方で、農業サイドの行政関係者からは、「新規の水利権がとれればありがたいが、使用目的が農業水利であり、冬場は水の使用の説明ができない。従って新規については認めてもらえない状況」である旨の発言があった。

河川行政の関係者からは、「河川の水に余裕がない状況では、新たに水利権をとるのは難しい。やるとすれば新たに水源を確保しないと難しい」旨の発言があった。この「新たな水源を確保」というのは、「例えば、調整池やダムをつくるといったことになる。なかなか民間の方がそこまでして入るのは難しい。そういう意味で、従属発電、既にある水利権を使って発電するのが現実的ではないか」ということだった。

後ろ向きである。どうすれば実現できるのか、という視点での発言ではない。

この非かんがい期における発電水利権をめぐる議論については、二つの疑問がある。

一つは、庄内地域には本当に水に余裕がないのか？　ということである。

二つ目は、新たな発電水利権の取得は、本当に難しいというのか？　ということである。

一つ目については、土地改良区関係者の話を聞くと、「豊水」の活用は可能であると考えられる。

そして二つ目については、水の利用は工夫次第であり、関係者が前向きに対応できるかどうかにかかっている。

仮に水に余裕がない場合であっても、他地域では、様々な工夫をし、行政など関係機関が前向きに対応し、課題の解決を図っている。先にも触れた事例をもう少し詳しく紹介したい。

雪解け水発電（最上川中流小水力南舘発電所）

２０１５年９月７日、山形県山形市の最上川中流土地改良区を訪問した。

土地改良区とは、農業用水路など、土地改良事業によって造成された施設の維持管理を行っている団体だ。その組合員は地元の農家であり、土地改良区の事業に必要な費用は、組合員から賦課金という形で徴収されている。

その水路を流れる水を発電に利用することができれば、賦課金の軽減などにつながり、組合員へのメリットも大きい。

訪問した際には、原田正昭次長兼管理課長が、小水力発電の取組みについて様々な資料とともに説明してくれた。

最上川中流小水力南舘発電所の事業主体は、同改良区が１００％出資する株式会社山形発電である。１９８５年に発電所の建設を行い、１９８６年４月に運転を開始している。

土地改良区が出資した会社が事業主体となる形式は珍しい。当時、富山県の早月川沿岸土地改良区が、土地改良区の出資により早月川電力株式会社を設立し、1980年から発電所を運転しており、株式会社の立ち上げの際はそこを視察したという。

最上川中流土地改良区では、当初は国営事業で発電所をつくり、土地改良区が管理・運営の主体となるという話もあったようだが、総代会や組合員の決議が必要であるなど手続きが煩雑であったこと、また、国営財産の管理に関する通達の改正がまだなかったこと、改良区は非営利の組織なので売電収入をどうするのか、など様々な論点があったことから株式会社方式になったそうだ。

国営事業による水利事業計画は、昭和52年に計画が変更されている。これは、山形流通センターの進出に伴う農地転用により受益地が抜けたからである。それによって、小水力発電ができる形に〝たまたま〟なった、と言う。当初の受益地を迂回した水路から、落差の大きな真っすぐな水路に変更されたためだ。

国道286号、348号に埋設する管水路は、落差が106メートルあったことから、これから生じる圧力の減圧が課題となっていた。そこで減圧だけを行うのではなく「小水力発電の導入による減圧」によるエネルギーの有効利用が図られることとなった。

水利権の見直しで売電収入が増加

昭和61年の運転開始時には、使用水量は毎秒２１５７立方メートル、最大出力１４３０キロワットだったが、平成23年４月の水利権の更新の際には、受益地が減った関係から使用水量１６８６立方メートル、最大出力１２２７キロワットとなった。

使用水量は、今回（２０１３年３月）の水利権の見直しにより、融雪期（３月11日〜５月５日）については、従前の０・７６３立方メートル秒から２立方メートルになった（最大出力１３７４キロワット）。代掻き期（５月６日〜５月20日）は１６８６立方メートル、普通期（５月21日〜９月10日）は、１・０２立方メートル、融雪期を除く非灌漑期（９月11日〜３月10日）は毎秒０・７６３立方メートルである。

融雪期（３月11日〜５月５日）の取水量が従前の０・７６３立方メートルから２立方メートルへと上乗せになったことで、年間約１００万キロワット時発電量が増えたと言う。東北電力には10円／キロワット時（※運転開始から約30年を経過しており、ＦＩＴの対象にはならないため）で販売しており、売電収入は、約１０００万円のプラスになっている。

例年約５３０万キロワット時の発電量の約５％を改良区管理棟で使用し、残り約95％を売電している。

馬見ヶ崎川は雨がないと水がないという特徴がある。2015年については小雨のため上流の蔵王ダムの水が少なく、7月下旬から小水力発電の運転が止まっている。昨年は580万キロワット時の発電量があったが、2015年の発電量は減る見込みだと言う。

発電所設置時の資金計画にあるとおり、株式会社であったため農政局等の補助金は受け取っていない。公庫からの借り入れ（事業費の80％融資、年利5・0％、1年据置29年償還）については、2015年で償還を終わる予定だったが、平成23年3月の東日本大震災の後、発電所で原因不明の故障が7月いっぱいまで続き、発電ができなかった。2015年から2020年まで償還を5年先延ばしにしている。

また株式会社であるので法人税を払っており、点検費用などもかかっている。改良区理事長が社長、理事が役員となっている。改良区には管理委託費として900万円を支払っており、これは職員二人分の給与に相当する額なのだそうだ。

発電設備については、EBARA社（荏原製作所、本社：東京）のペルトン水車、明電舎の発電機を採用している。荏原製作所については、2011年に水車事業から撤退し、富士電機が事業を引き継いでいる。部品については引き続き荏原が供給し、技術面は東京発電にお願いしていることから特段の問題は生じていない。

豊水利用発電水利権取得の経緯

2012年4月、卒原発を掲げる吉村知事が発電所を視察した。その際、発電機の能力の1／3程度（0・763立方メートル秒）の水量しか使用できておらず、「川に水があるのに発電できない」といった話になったそうだ。

知事が関係機関に話したことで短期間に融雪期の豊水の水利権化が実現した。県職員が国交省に働きかけるなど、トップダウンの動きだったため、許可がスムーズに進んだのではないか、と改良区では分析する。

水利権の取得には5年程度かかるとされるが、県と国交省の連携が良かったため、許可に必要な資料は、国交省が助言してくれたそうだ。国交省の山形河川国道事務所が窓口だが、仙台の地方整備局の担当者と直接話をして良いと言われ相談したと言う。

水利権の取得に当たっては、過去10年間の頭首工の流量が必要だったが、2003～2007年の5年分は農政局が水利権を更新した際のデータがあった。2011年に水利権の更新をした際に2007年以前の10年間の資料があったからだ。

2008〜2011年については、山形県河川課からデータをもらい、農政局が計算したのと同じ手法で頭首工付近の流量を推計した。具体的には、蔵王ダムの放流量、上流の河川課の水位観測地点のデータから頭首工地点の流量を推計している。式を農政局に借り、改良区と同じ建物の2階にある東北農政局、西奥羽土地改良調査管理事務所最上川支所、更にはその本所は秋田にあり、秋田の方ともやりとりをしたそうだ。

一級河川の水利権者は国土交通大臣となっている。国営水路は農水省の所有物だ。発電水利権については、株式会社山形発電の社長から国土交通大臣に申請を行った。

農業用水の水利権については10年ごとに更新される。2011年4月に農業用水完全従属の水利権を取得しているが、これは2013年3月18日に一端ボツになり、新規扱いで取得している。

河川維持用水として毎秒0・2立方メートルが必要であり、2・0立方メートルを農業用水に取水するためには頭首工地点では2・2立方メートル必要となる。

馬見ヶ崎川から取水した場合、本来同じ川に戻すべきだが、本流には戻す地点がなかった。須川、逆川に戻し、須川に合流する馬見ヶ崎川に戻したという整理になっている。

農業用水完全従属発電の場合には、取水量のみ報告すれば良かったが、融雪期（3月11

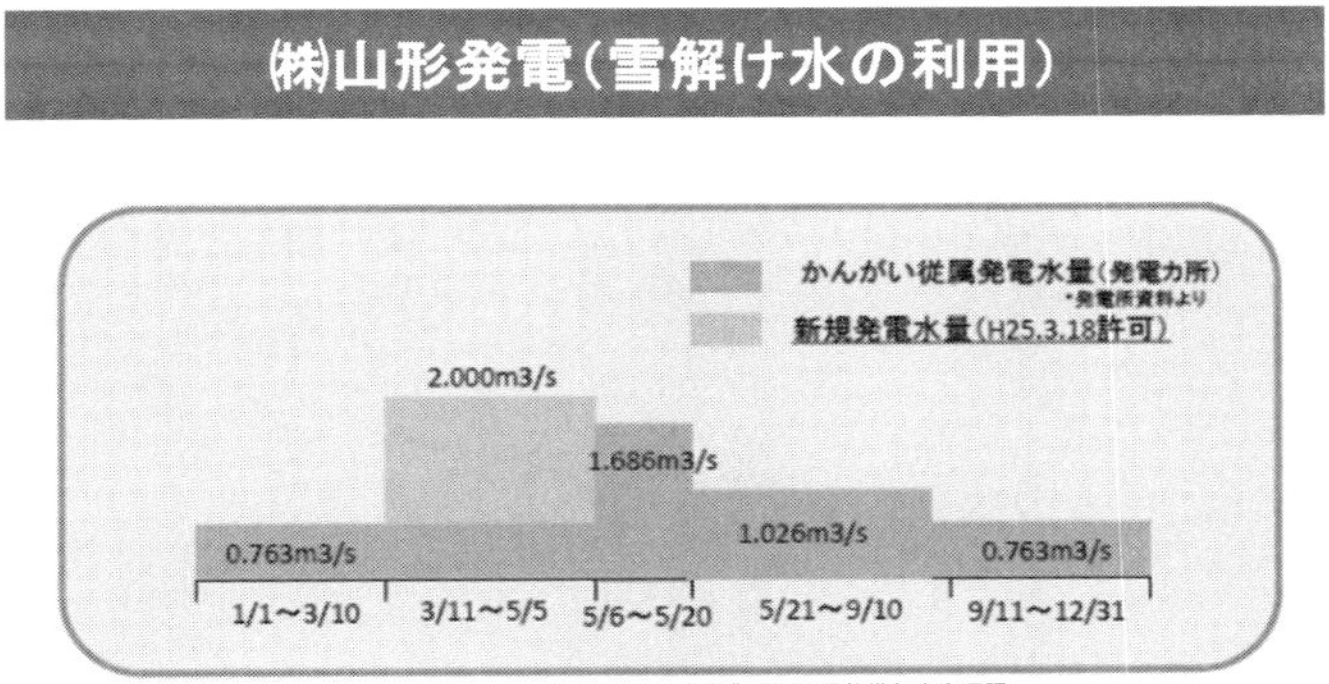

資料：農林水産省農村振興局整備部水資源課
「農業用水利施設を活用した小水力発電の推進について」

日～5月5日）については、取水量の他に河川への放流量を計測しなければならない。取水量については、遠隔監視をしているが、排水量については毎日見に行かなければならない。

馬見ヶ崎川については、県河川課に確認し、減水区間に関係河川使用者は存在していない。

山形発電は、導水管の工事費の０・３％を払っている。また、点検、補修、電気料金等の維持管理コストについては、山形発電と農政局の協議の結果、維持管理規程により、75％は農家（土地改良区）、25％は山形発電の負担とされている。

農業用水路の他目的使用料として山形発電から改良区に約３００万円が支払われている。水路の管理については国から改良区に委任されている。農政局長と理事長との間で管理委託協定が締結されており、維持管理費や電気料金は土地改良区が持つこととされている。

ＥＳＣＯ契約による設備更新

発電事業については、軌道に乗ったら株式会社を改良区に合併させるという話もあったそうだが実現していない。

運転開始から30年を経過し、合併し、農水省の補助が活用できれば地元負担は15％程度（7億5０００万円×15％＝1億1０００万円）で済む。しかしながら、借り入れの償還も終わっておらず、これについてはあきらめている。

ＦＩＴで24円で売電できれば、間違いなく採算が取れるということがわかり、２０１４年9月にＦＩＴとＥＳＣＯ手法を組み合わせたサービス契約を、日本ファシリティソリューション、三菱ＵＦＪリース、山銀リースと締結している。

収入は倍以上になり、最低発電量（455万キロワット）が保証されているため、雨が降らなくとも収入は保証される。

ＦＩＴ認定（24円／キロワット時）は２０１4年11月、系統連系は２０１5年2月に申し込んでいる。事業期間は23年間（工事3年、売電20年）で、事業開始は２０１7年4月の予定となっている。

水の王国

2016年2月24日～26日、小水力発電・水利権についての調査のため、富山県を訪問した。山家公雄東北公益文科大学特任教授、本橋元鶴高専教授も一緒である。

富山県の包蔵水力（我が国が有する水資源のうち、技術的・経済的に利用可能な水力エネルギー量）は、岐阜県に次ぐ全国2位（3位は長野県、山形県は8位）となっている。2014年4月に策定された「富山県再生可能エネルギービジョン」においても、重点プロジェクトとして最初に登場するのが「水の王国とやま小水力発電導入促進プロジェクト」であり、小水力には力が入っている。

視察を通じて何よりも驚き、感心させられたのは、行く先々で説明してくれる方々のホスピタリティーであった。いずれの視察先でも熱心な説明と、十分な資料が用意されており、水の王国を支える人材の重要性について考えさせられた。

今回の訪問の最大の目的は、かんがい使用水量がほとんど必要なくなる冬季に生じる水路の空き容量（空き断面）を活用した発電について、なぜこれが実現できたのかを学ぶこと。そしてこれを山形県庄内地方を始めとする日本海沿岸地域などに展開できないのか、様々な関係者からお話を伺うためである。

空き断面利用発電（山田新田用水発電所）

富山県砺波地方の訪問に際しては、富山県砺波農林振興センターの豊本康晴班長から訪問先のアポイントメントなどで大変お世話になった。

山田新田発電所の導入経緯をみてみよう。昭和34～42年、「用水補給」、「発電」、「防災」を事業目的とした国営農業水利事業「小矢部川地区」が実施された。主要工事として、刀利ダム（富山県へ管理委託）、小矢部川第一頭首工、同第二頭首工、そして全長3850メートルの山田新田用水路（いずれも小矢部川上流用水土地改良区へ管理委託）が整備された。

従来、土地改良事業において小水力発電施設を単独で設置することはできなかったが、平成21年3月、農林水産省所管の「地域用水環境整備事業」が拡充され、発電事業単独での事業実施が可能となった。こうした状況を踏まえ、平成22年4月、富山県を事業主体とする県営地域用水環境整備事業山田新田地区が着工され、平成23年10月、土地改良施設の維持管理費の軽減及び二酸化炭素の排出削減を図ることを目的に山田新田用水発電所の工事に着手、平成25年3月に運転が開始された。発電所（最大出力520万キロワット、年間供給電力量257万キロワット時）の設置に係る総事業費は617百万円、管理主体は小矢部川上流用水土地改良区である。

なお、従来、土地改良区が行う小水力発電に係る売電収入については、土地改良区が所有する用水機場や排水機場等の電気を必要とする施設（見合い施設）の電気料金に充てる必要があったが、平成23年10月、見合い施設の範囲が拡充され、土地改良区が管理する土地改良施設全体の維持管理費への充当が可能となった。

次に発電所の特徴を整理したい。発電所は、河岸段丘（砂礫等から成る河谷の岸の階段状の地形）上の山田新田用水路から小矢部川へ流下する高低差（25・2メートル）を利用している。

最大出力時の使用水量は、毎秒2・64立方メートルである。農業用水路での小水力発電については、かんがい用水に従属した発電が行われることが一般的だが、この発電所では、非かんがい期（9月10日～4月21日）における水路の空き容量を利用して発電が行われている。これがこの発電所の最大の特徴である。

農業用水路における発電水利権

次に水利権についてまとめてみよう。先述のとおり、山田新田用水路は、昭和34年～42年、国営農業水利事業「小矢部川地区」により造成されたものである。その際、整備された上流の刀利ダムの農業用水利権の中に、第一頭首工掛かりである山田新田用水の水利権があり、水利権者は農林水産大臣（更新の実務は北陸農政局西北陸調査事務所）となっている。

発電所については、県営事業で発電所が整備される際、富山県が新たに発電水利権を取得している。この発電水利権については、発電所の完成後に、当該施設とともに、富山県から土地改良区に譲与されている。現在、発電水利権の更新の事務は土地改良区が行っている。

発電用水利権の取得に当たっては、取水地点への到達流量（10年分の流量データ）の把握が必要となる。

小矢部川流域（刀利ダム、臼中ダム等）の農業用水利権については、刀利ダム掛かりである農林水産大臣の水利権に臼中ダム掛かりの富山県知事の水利権が後付けされたものとなっているが、両ダムの運用を含めた小矢部川流域の水利権の水収支計算は県により一括

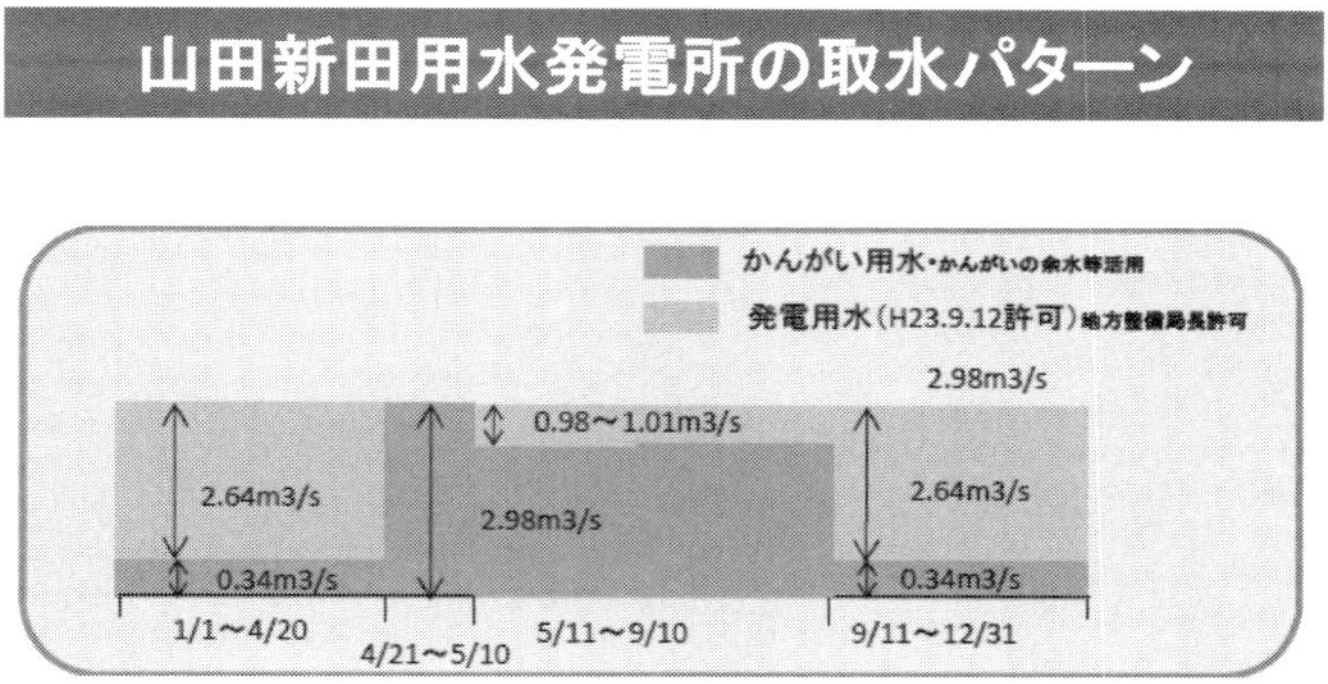

資料：農林水産省農村振興局整備部水資源課
「農業用水利施設を活用した小水力発電の推進について」

山田新田用水取水パターン

して行われている。

そのため、山田新田用水路の取水地点である小矢部川第一頭首工へ流下する水量については、以下のとおり把握済みとなっていた。

到達流量Ｑ＝Ｑ１＋Ｑ２＋Ｑ３

Ｑ１　小矢部川第二発電所（県企業局の地下式発電所）の放水量

Ｑ２　太美ダム（刀利ダムの下流２・２キロ地点）における放流量

Ｑ３　残流域からの出水量

このように、県は、取水地点における10年分の流量データを水収支計算を基に作成することができ、国土交通省河川国道事務所は当該データをチェックするのみとなっていた。

このような状況から、県（砺波農林振興センター）としては、発電水利権取得については、通常の豊水水利権取得と同等の業務であり、「困難とは捉えていない」とのことだった。

したがって、農業用水利施設の空き断面を利用した発電水利権の取得については、取水源である河川水に余裕があれば可能と考えられる、としている。

民間の事業主体による水路の利用

また農業用水路の他目的使用により、民間事業者が発電事業を行うことについては、富山県では、平成25年に「小水力発電施設の設置に伴う土地改良財産の目的外使用について」という文書を県農村振興課長から各農林振興センター所長宛てに通知している。しかしながら、農業用水利施設を利用する発電所の事業主体としては、まずは施設を所有する土地改良区となるべきとの考えだという。

また、民間事業者が、既設の農業用水路に発電所を設置する場合、用水路の建設費の再配分により費用を負担してもらうことが適当だが、小水力発電については徴収しないように国から指導されているという。民間事業者が水路を使用する場合には、水路の他目的使用料として水路の維持管理に必要な費用についての応分の負担が必要となる。また、流水使用料として、県条例で定める額の納付も必要になる。

エネルギーの地産地消（嵐山保勝会水力発電所）

２０１６年６月29日、京都市の嵐山保勝会水力発電所を訪問した。同発電所は一級河川の河川区域内に小水力発電を設置した国内初の事例であり、発電した電気を橋の照明に利用している。

嵐山保勝会の小水力担当理事・吉田憲司さんが、案内をしてくれた。保勝会とは、京都

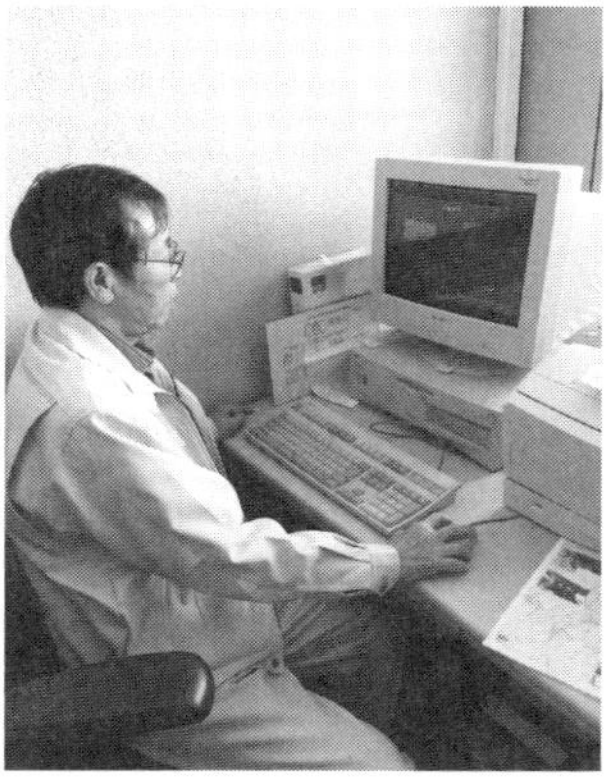

発電設備は遠隔操作されている

向かって右側が農業用水、左側が発電用水となる

横軸フランシス水車

山田新田用水発電所の前には発電量が表示されている

市内の景観の維持、観光地としての魅力向上のために、地域住民によって自主的に組織された団体である。地域の個性を活かしたイベントや清掃活動などを行なっている団体で、嵐山保勝会は22ある団体の一つである。

渡月橋は、京都・嵐山の一級河川・桂川（大堰川）に架かる橋である。平安時代の初め（836年）、空海の弟子・道昌が河川を改修した際に架橋された由緒ある橋であり、現在の渡月橋は、1934年に架橋されている。

現在、橋には照明の設置義務があるが、架橋は照明設備の設置を義務付ける法令施行前に実施されており、1994～2000年の改修時にも、景観保全の観点から、照明の設置が見送られた。

渡月橋は桂川を約2キロ下ったところにあり、右京区と左京区を結ぶ地域住民の生活に不可欠な橋である。照明がないことに対し、地元からは交通事故や防犯面を心配する声が上がった。そこで、嵐山保勝会は2003年頃から照明設備の設置を検討していた。

そこで課題となったのが、照明を灯すための電源をどうするか。この地域は、昭和9年（1934年）に史跡名勝特別地区に指定されており、景観との調和が大きな課題であった。最終的には、桂川の水という自然エネルギーを活用することで照明の設置が認められることとなった。

渡月橋（2016年6月29日筆者撮影）

かつて桂川は上流から木材が筏で運搬されていた。発電所は、その筏落としの落差を活用して設置されている。有効落差1・74メートル、最大使用水量0・55立方メートル、最大出力5・5キロワットの小さな発電所である。サイ

筏落としに設置された発電所

サイフォン式プロペラ水車

フォン式プロペラ水車は、チェコ製であり、設計・施行は日本小水力発電株式会社が行った。

発電開始は２００５年12月。この年の2月に京都議定書が発効していることも追い風になったようだ。

国土交通省は、難しいとされる一級河川の発電水利権取得に協力、許可している。地元の土地改良区は、所有する堰に発電設備を設置することに同意し、協力した。農業用水の水利権者である土地改良区と嵐山保勝会は2年ごとに同意書を取り交わしている。土地改良区との調整は、当初は様々苦労もあったようだ。２０１３年4月にはミャンマーの民主化運動の指導者、アウンサンスーチー氏もこの小さな発電所を訪れるなど全国的な知名度も上がったようだ。今では、地域と連携した取り組みとして、改良区も前向きに評価するようになったそうだ。

基礎、ケーブル、制御盤を含む総事業費は約３４００万円となっている。照明の行燈（60基）やコンデンサーについては地元企業から寄付されている。事業費にはＮＥＤＯからの補助金（30％）を充当している。

年間稼働時間は７４４０時間（85％）であり、年間発電量は２万２０００〜２万３０００キロワット時であり、このうち概ね１／４が自家消費、関西電力への系統連系により３／４が売電されている。つまり時間当たりの発電量の内、約０・７キロワット時を自家消費、約２キロワット時を関電に売電している。また、自家消費分の電気の供給については京都市長と覚書を交わしている。

現在の売電単価は、当初の10年間はＦＩＴの単価から補助金相当を差し引いた22円／キロワット時。年間の売電収入は約40万円となっている。ＲＰＳ法時代には11円／キロワット時であったことからは改善され、また、後半の10年間は売電単価が増えることとなるものの、初期投資を回収するには相当の期間を要する。

朝晩の除塵を行い、年１回はメンテナンスを実施する。その際は、発電設備のふたを開け、ベルト等を点検している。過去にベルトを2回交換している。

過去に一度、発電設備全体が水没したことがあったが、電気関係は制御盤を乾かして事なきを得たそうだ。

また、河川占有に年間約９０００円、常設灯制御盤の地代として年間４０００円等がかかっている。固定資産税は免除されている。

吉田氏は、売電収入としては大きくなく、様々なコストもかかるが、「これで儲けることは考えていない」と言う。見学者が増えるなど地域おこしになったこと、保勝会の環境意識がアップしたことが成果だと胸を張った。

地域で取り組む小水力発電

２０１６年11月下旬、岐阜県郡上市石徹白《いとしろ》地区を訪問した。岐阜・福井の県境に位置し、標高７００メートル、隣の集落から12キロも離れているという小さな集落だ。約１２００人いた人口は、この50年で４分の１以下に激減している。

案内してくれたのは平野彰秀さん、東京の大学を卒業し、外資系企業で働き、数年前に石徹白に奥様と移住してきた方だ。ＮＰＯ法人地域再生機構の副理事長を務めつつ、石徹白地区の全戸が出資し、新設された石徹白農業用水農業協同組合の参事など、地域で重要な役割を果たしている。

２０１６年６月に運転開始したばかりの「石徹白番場清流発電所」を見せていただいた。普通河川朝日添《わさびそ》川から取水し、出力１２５キロワット（落差１１１・７メートル、流量０・１４３立方メートル／秒）、総事業費は２億３０００万円。岐阜県から55％、郡上市から20％補

石徹白番場清流発電所

取水地点

ヘッドタンク除塵作業

ペルトン水車

平野さんの奥様が経営する石徹白洋品店

助の受け、残りの約6000万円の内約2000万円は自治会の基金から、約4000万円は日本公庫より調達（JAめぐみのつなぎ融資も活用）したそうだ。

水車にもこだわりがあり、イタリア製の縦軸6射ペルトン水車が使われている。

この発電所の特徴は、なんといっても、事業主体が石徹白農業用水農業協同組合という小水力発電の専門農協を新設したことにあり、集落全戸（100世帯）の出資（800万円）により経営が行われていることにある。

平野さんは、岐阜県と補助制度の仕組みづくりから話し合ったそうだ。移住者リーダーと地域の連携した取り組みに対し、岐阜県が応え県単補助の対象に農協が追加された。地域の課題に行政が寄り添い、地域の思いが形になった好事例である。

当初、よそ者が何かやっていると見られていた際には、ぎくしゃくしていた時期もあったそうだ。平野さんは言う、「何か大きいことやってやろう、ということではなく、地域の人の声に耳を傾ける。そうすれば結果はついてくる」と。

売電収入は年間約２千万円（年間61万キロワット時×34円）であり、人件費（専従＋α）に約６００万円、電気主任技術者に約50万円、自治会繰り入れ約２００万円の他、修繕の積み立てなどに充てられ、残った分は地域活性化（カフェ、特産品等）に向けた取り組みの財源になる。

ＪＡと地域が連携した小水力発電

同じく２０１６年11月下旬、岐阜県飛騨市を訪問し、ＪＡひだと飛騨市数河地区が連携して取り組む「ＪＡひだ・数河清流発電所」の調査を行った。運転開始は、２０１７年度中の予定であり、現地では、建屋の建設、水圧管路の敷設などがほぼ完了していた。

発電に必要な水は、普通河川菅沼谷から１・３キロ伸びた隧道から取水されており、この隧道は昭和30年代に標高９００メートルまで水田とするために引かれたものなのだそう

水圧管路

だ。出力は49・9キロワット（落差73・4メートル、流量0・11立方メートル秒）になっている。これは、当初60キロワットでの計画であったが高圧送電線の空き容量が足りず、低圧連携で中部電力へ売電することとしたためだ。岐阜県では、メガソーラーなどの急展開で、送電網の空き容量がなくなる事態に直面しているそうだ。

現地を案内してくれたのは、株式会社数河未来開発の山村吉範社長。数河地区は7割近くが65歳以上の限界集落であり、大型スキー場が閉鎖するなど地区存続の危機を強く感じ、自身も組合員であるＪＡひだに働きかけて実現にこぎつけている。総事業費1億５９００万円のうち岐阜県が55％補助しており、残りの事業費については、ＪＡが全額負担している。水車は、中川水力社製のペルトン水車を導入することとしている。

事業主体はＪＡひだであるが、集落全戸（61世帯）が出資（３００万円）する株式会社数河未来開発が設立され、ＪＡとの協同事業体による運営が行われている。

売電収入約８６０万円（年間25万キロワット時×34円）については、山村さんは若者による地域活性化の取組みの財源に当てたい、と言う。

郡上市石徹白、飛騨市数河、いずれも魅力的なリーダーがいることが印象に残った。

水は一体誰のものだろうか。河川法等の制度に従うことは当然としても、水は地域のものであるという考えに立てば、山形県庄内地方においても、現行の土地改良区の取組みに加え、地域住民、ＪＡ等が参画した地域主導型発電があっても良いと私は考えている。外部主導型を協働型（地域が事業の一部に出資、外部事業者が利益の地域還元に配慮）にするなどの際には、行政（県、市町村等）にも積極的な調整役を期待したい。

取水地点

浮上した送電網の空き容量の課題

本書の多くを再生可能エネルギー（特に風力、小水力）の具体化に向けた取り組みに割いた。

そのような中、平成28年11月末に、庄内地域を含む山形県の多くの地域で、「送電系統の空き容量ゼロ」という事態が発生した。懸念していた接続制約が一気に表面化した。これは、2014年9月に発生したいわゆる「九電ショック」がその後東北電力管内でも同じような事態が生じ、太陽光発電の接続可能量（30日等接続制御枠）が552万キロワット、風力発電については251万キロワットとなったことから連なる問題である。

東北電力のHPの情報（2016年10月14日東北電力資料）によれば、東北電力北部エリア（青森、岩手、秋田、宮城県気仙沼地区）の連携可能量はゼロになり、系統連系には系統増強が必要になっていた。また、庄内地域においても、2016年10月31日時点の変電所及び66キロボルト以下の送電線の空き容量については軒並み5・0メガワット以下であり、余裕がない状況になっていた。その後、2016年11月末に、庄内地域を含む山形県の多くの地域で、「送電系統の空き容量ゼロ」という事態が発生したのだ。

折しも、山形県においては、2012年に策定した「山形県エネルギー戦略」の目標年（2030年）を踏まえた前期（2020年）までのプログラム「エネルギー政策推進プログラム」の見直し作業のとりまとめ時期になっていた。2016年12月26日に開催された「エネルギー政策推進プログラム見直し検討委員会」の最終会合は、東北電力の担当者が説明した「系統の状況と系統連系の対応」をめぐって、侃々諤々、意見が噴出した。

なぜ議論が沸騰したのか。簡単に言えば、いつ、いかなる状況が生じたために「送電系

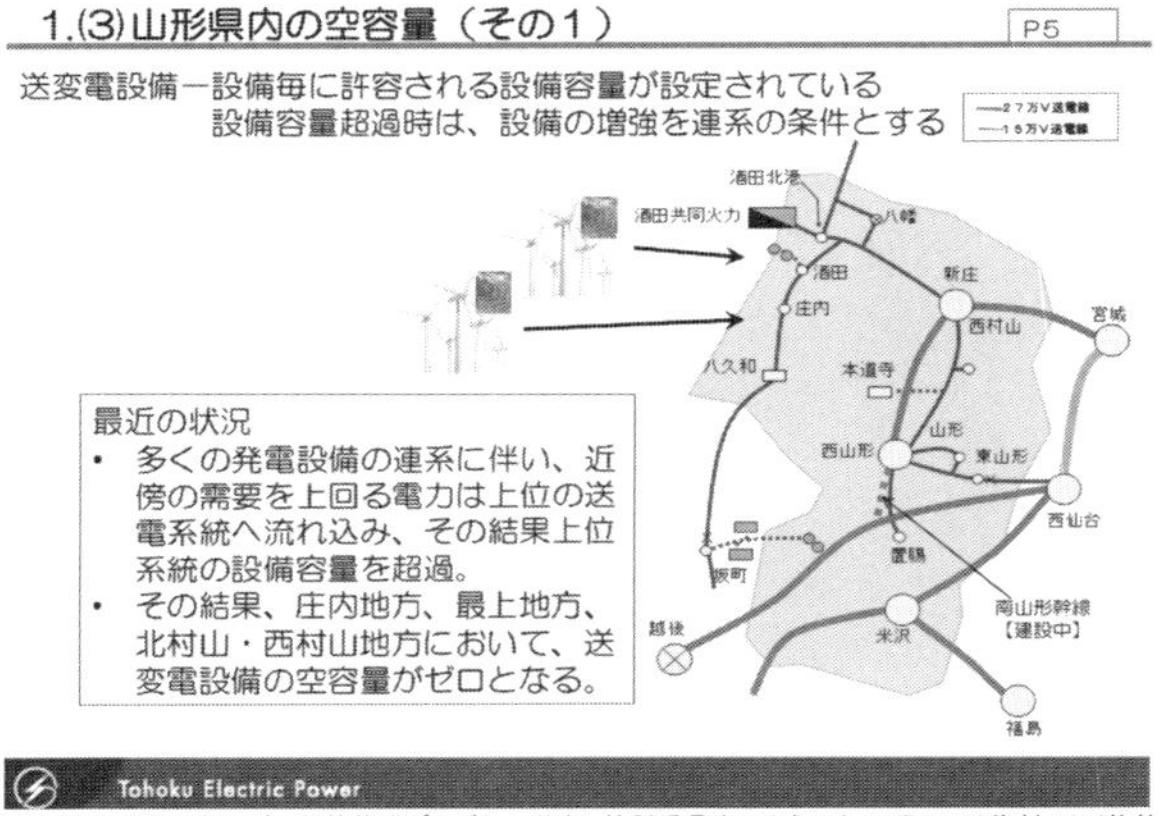
1.(3)山形県内の空容量（その１）
P5
送変電設備ー設備毎に許容される設備容量が設定されている
設備容量超過時は、設備の増強を連系の条件とする
27万V送電線
15万V送電線
酒田北港
酒田共同火力
八幡
酒田
庄内
新庄
西村山
宮城
八久和
本道寺
山形
西山形
東山形
西仙台
置賜
飯町
南山形幹線
【建設中】
越後
米沢
福島
最近の状況
• 多くの発電設備の連系に伴い、近傍の需要を上回る電力は上位の送電系統へ流れ込み、その結果上位系統の設備容量を超過。
• その結果、庄内地方、最上地方、北村山・西村山地方において、送変電設備の空容量がゼロとなる。
Tohoku Electric Power
出所：第4回山形県エネルギー政策推進プログラム見直し検討委員会（平成28年12月26日）資料2より抜粋

送電系統に関する東北電力資料

統の空き容量ゼロ」という事態が発生したのか、明確な説明がなかったからだ。

一連の問題は、２０１７年1月18日に公益大が開催した「第4回庄内小水力利活用推進円卓会議」の中でも、小水力発電の事業化に着手している土地改良区からも懸念が示されるなど、その後も尾を引いた。

２０１７年1月20日、東北電力のＨＰに、「特別高圧系統情報の公表（空容量）の一部を更新しました（山形県の一部地域において、空容量が出ました）」との情報が掲載された。いつ、いかなる状況が生じたために「送電系統の空き容量ゼロ」という事態が解消されたのか、私たちにはわからない。

再生可能エネルギーはどこに賦存するのか。それは農山漁村である。だから、私は、この未利用資源を活用することは、今後の地方創生にとって極めて重要な意義を持つと考えてきた。Uターンして期せずしてこの問題を深く考える機会をいただいたことは、農林水産業の振興を考える上でも、多くの示唆があった。

10　熊本地震と湯田川孟宗

熊本で震度7

２０１６年４月14日21時30分ごろ、「熊本で震度7だって」という長男の声に、私は半信半疑でテレビ画面をのぞき込んだ。それは後に、16日未明に発生した本震の前震とされた。

竹林の中での孟宗掘り

九州での地震に、すぐに福岡県南部の柳川市に住む石田宝蔵さんの携帯に電話を入れた。私は１９９９年４月から2年間、干拓とノリの養殖で有名な福岡県大和町（現柳川市）で働く機会を得た。石田さんは当時の町長（後に柳川市長）で、行政の〝先端〟を学ばせていただいた。「こちらは大丈夫だから」。ほっと一安心すると、「そっちにタケノコある？」との声。私たち家族が被災した東日本大震災の際も、石巻までのりを送ってくれた石田さん。「こっちに

孟宗汁

竹林から顔を出す孟宗

は孟宗（もうそう）というおいしいタケノコがありまして」とモゴモゴ言っているうちに、福岡県八女市立花町産の立派なタケノコが届いた。

　全国的にはタケノコと呼ばれることが一般的だが、ここ山形県庄内地方では「孟宗」と呼ぶ。語源を調べると、三国時代の呉の孟宗という人に由来するらしい。全国で約3万6000トン生産されるタケノコのほとんどは、この中国から伝わったとされる孟宗である。

　ここ庄内は群生孟宗竹の北限とされ、北海道、青森、岩手での生産量はほぼゼロ、秋田では約6トンのみだが、山形では約90トン生産されている。孟宗汁は庄内地方のソウルフードである。4月下旬から5月中旬にかけてが旬の朝掘りの孟宗に、厚揚げ、シイタケを加え、みそと酒かすで仕立てるのが庄内流である。また、作家・藤沢周平が教鞭をとった中学校があった鶴岡市湯田川は、えぐみのない、特においしい湯田川孟宗の産地として知られ、開湯1300年の湯田川温泉は、この時期一番のにぎわいをみせる。それ故、「九州何するものぞ」とのプライドがあったのだが、データを見れば、福岡の1万4000トン、鹿児島7400トン、熊本4100トンのトップスリーにはるかに及ばない。

室町期の辞書・黒本本節用集には「もうそう」の記述があり、孟宗は中国の江南地方から伝わったとされる。渡来ルートは京都説や薩摩説などいくつかあるようだ。薩摩藩を経由して江戸に広まったのは江戸時代も後期である。

ところで、庄内には、全国3位の生産地・熊本との不思議な縁がある。毎年5月25日に鶴岡市で行われる天神祭は、学問の神様・菅原道真公を祭るものだが、旧庄内藩の重鎮・菅家は、その9番目の子供の子孫にあたり、江戸初期に肥後から庄内に移ってきたとされる。また、鶴岡市丸岡は、熊本城を築城した加藤清正公の嫡子・忠廣公が改易により移り住んだ土地である。その際、清正公の尊骨を熊本から移したとされ、今も清正公の墓碑がある。ここ庄内の孟宗は熊本からやってきたのだろうか。残念ながら、薩摩藩に孟宗竹が導入されたのは江戸中期とされ、時期が合わないようだ。父によれば、祖父は京都あたりから伝わったのではないかと生前語っていたらしい。

こちらから何か送らなければいけないところ、震災直後の九州から届いたタケノコ。わが家も湯田川の竹林から掘り出す孟宗に、歴史ロマンの香りがすることを気付かせてくれた。九州、熊本の一日も早い復旧・復興を祈る。(2016年6月)

熊本地震と避難所からの二次避難

災害が起きた場合、被災者は体育館などに避難し、食料や水が不十分でもじっと耐える。エコノミークラス症候群が広がろうが、とにかく狭く、衛生的にも過酷な場所で耐える。そんな固定観念にとらわれていないだろうか。災害救助法では高齢者等を旅館やホテルに避難させることが制度として組み込まれている。拙著『被災、石巻五十日。』(国書刊行会)、東日本大震災の際に石巻で起こったことを私がまとめた記録はその活用を訴えている。

熊本地震から数日が経った頃、5年前の東日本大震災の苦い記憶が思い出され、居ても立ってもいられなくなった。東日本大震災同様、避難生活が長期化するおそれがあることから、高齢者など体力に不安のある方を中心に、まずは、環境の悪い体育館などの避難所から、旅館、ホテル等へ速やかに二次避難させることが重要である、という当時の経験をなんとか伝えたいと思ったのだ。私は、福岡県大和町(現柳川市)に出向していた際にお世話になった旧知の西日本新聞社（当時）の永尾和夫さんに、以下のようなメールを送った。永尾さんは、西日本新聞社を退職後、九州朝日放送のラジオニュース原稿のリライトのお仕事などをされていた。

このメールの内容は、西日本新聞社の福間記者の手によって記事にされ、２０１６年４月23日付けの西日本新聞で報道された。

被災者に旅館等への二次避難という選択肢を

－東日本大震災の教訓を活かした命を守る避難の検討を－

平成28年４月18日

東北公益文科大学特任講師　皆川治

４月14日以降、熊本県を中心に九州で続発する地震は、多くの人命を奪い、今も懸命の捜索活動が続いている。心からお悔やみとお見舞いを申し上げる。

私は、岳父の葬儀のため宮城県石巻市に滞在していた際、東日本大震災の巨大津波

宿泊施設 被災者受け入れ続々
熊本地震
長崎県でも3000人分確保
災害弱者 制度活用を
皆川・東北公益文科大特任教授
「元の村まで10年」

西日本新聞

を目の当たりにした。その際、もう二度とこのようなことは起こって欲しくはない、当面は起こるはずはないと思いつつも、石巻市役所を支援した際の記録をまとめ、出版した（『被災、石巻五十日。』（国書刊行会））。この記録には、あの時、市役所など現場はどうなっていたのか、現場は何に悩んでいたのか、が残されている。自然災害の多い日本で、〝まさか〟の場合に備える参考になればと思ったからである。

16日の本震から3日が経過しようとしている。足の踏み場のないほどに人があふれ返った避難所、物資が届かない避難所は、5年前の苦い記憶を思い出させるものだった。気になる報道があった。「熊本県阿蘇市の避難所に避難していた女性が、トイレで倒れているのが17日に見つかり、病院に搬送されたが、間もなく死亡が確認された」というのだ。避難による過労やストレスなども原因になった可能性があるようだ。

私は、高齢者など体力に不安のある方を中心に、まずは、環境の悪い体育館などの避難所から、旅館、ホテル等へ速やかに二次避難させることが重要であると考えている。今回の地震では、東日本大震災同様、避難生活が長期化するおそれがあることが指摘されている。心身ともに疲労する長期の避難所での生活は、被災者、特に高齢者等の健康に悪影響を及ぼすおそれが高い。

東日本大震災の際には、震災5日目（3月15日）の深夜、私が避難する避難所で、一人の老女が津波で流されてしまった家に帰ろうと一時失踪したことがあった。また1か月ともに避難所で過ごした別の高齢者は、翌夏、息を引き取った。避難所生活での疲れも原因にあったと思う。難を逃れ、助かった命を守らなければならない。

あまり知られていないが、被災自治体が旅館やホテル等を避難所とする場合、災害救助法に基づき国が経費を負担するスキームがある。また、熊本市では高齢者などを対象とした二次避難所としての「福祉避難所」の設置運営のマニュアルを定めているが、開設期間を7日以内とするなど、今回のような大きな地震を想定したものとはなっていない。広範囲に渡る余震が続く今回の地震では、片田敏孝群馬大学大学院教授も指摘するように、九州外を含む広域的な二次避難も視野に入れるべきである。体力のある若者に被災地に残ってもらい、復旧・復興を担ってもらうことは重要である。

他方で、自治体等の関係者には高齢者等を旅館、ホテル等へ二次避難させる選択肢があるということを是非知って欲しい。宮城県石巻市で最初の二次避難4世帯8名が秋田温泉さとみ（秋田県秋田市）へ出発したのは、大震災発災後33日目のことだった。このような長期間、高齢者等を避難所へとどめるような対応を繰り返してはならない。

また、可住地や公共用地が限られている場合、仮設住宅を建設した場合には、当然ながらその用地に恒久的な施設を建設することに支障が生じる。復旧対応を検討する初期段階の今だからこそ、真に必要な仮設住宅の立地場所、量等に留意しつつ、仮設住宅の建設以外の選択肢はないのかについても、東日本大震災の教訓を踏まえ、十分な検討が行われることを期待したい。

平成11年4月～平成13年3月、私は、農林水産省から福岡県大和町（現柳川市）に2年間出向し、新婚時代を過ごした。ノリの養殖が盛んな有明海、阿蘇の草原、黒川や湯布院、別府の温泉など、九州の雄大な風景が脳裏に焼き付いている。九州に一日も早く平穏な生活が戻ることを祈っている。

行列のできる孟宗

生産量では九州には遠く及ばないとは言え、一人当たりの消費量では日本一との評もある庄内地方。2014年5月上旬、湯田川温泉のＪＡ鶴岡の直売所には行列ができていた。行列のできるラーメン屋ならぬ、行列のできる孟宗屋。車の中で順番を待つ人も。ここに住む人々の孟宗愛は半端ではない。

この湯田川孟宗を販売するＪＡの直売所では、例年5月いっぱいで約10トンを販売する。不作だった2013年の販売量は約4・5トンだったそうだ。Ｌ、Ｍ、Ｓ、2Ｓの4等級

ＪＡ鶴岡の直売所には行列が

孟宗は4等級に分けられる

湯田川孟宗の取次所

に分けて販売しているが、良心的な値段設定なので人が群がる。訪れた日も数量制限での販売となっており、地元だけで売り切れてしまった。いわば幻の地域野菜だ。

鶴岡市藤沢には、湯田川孟宗の加工向け取次所がある。ここからは日に300キロほどが加工に回されている。朝掘新鮮加工だ。

石巻のこと

2014年8月、震災から3年半の石巻を訪問した。もう、と言うべきか、まだ、と言うべきか、判然としない、夏だった。ただ前へ、と祈るばかり。

2015年1月13日（火）NHK総合（10時50分〜55分）の、東日本大震災の証言記録「あの日わたしは」で、私の証言が取り上げられた。農水省を退職する前の撮影で、宮城県内で放送されたものが全国放送されることになったのだった。これまで、日々の生活の中で、何が大事なことなのか、忘れてしまったり、そもそもわからなかったり。だらだらしてしまった時、自分を見つめ直す、忘れていたことを思い出す、そのための一つの忘れられない記憶が震災だ。

2015年8月、震災から5度目の夏を迎えた石巻を訪問した。1年前にはなかった土盛りが沿岸部にも広がっていた。義母の家があった場所は既に整地され、５階建ての復興住宅が建つことになっていた。「大分変わったから見て来てごらん」、それでも義母の声はやはりどこか寂しそうだった。皆んな明るく元気に暮らせるようにと、義父が眠るお墓を拝んだ。

震災から３年半の石巻で

ここに義母の家があった（2015年８月）

11　人を引きつけるチーム、地域へ

子供たちと地域

子供たちと過ごす時間が増えた。ワークライフバランスと言えば当世風だが、合唱部の長女、サッカースポーツ少年団の長男の送迎をもっぱら私が担わせられていることも理由だろう。小6の長男が所属するのは、小規模小学校の合同チームだ。人口減少が進んだ地方では、単独の小学校でチームを組むことが難しくなってきている。最近、そのチームでちょっとした騒動が起きた。チームの主力の5年生2人が、強豪チームへ〝移籍〟することになったのだ。

地方で暮らし2年半、さまざまな問題は、詰まるところ、人の問題であると実感している。地方に人が定住できるかどうかのカギは、そこに安心して働ける魅力的な職場があるかどうかにある。期待された企業の地方移転の推進については、地方の市場縮小と人手不足から逆に首都圏への移転が加速する事態が生じており、前途多難である。

雇用の受け皿としての農業はどうか。わが国の農業産出額に占めるコメの割合は、60年

女子も活躍する地元スポーツ少年団

前（昭和30年代前半）の約5割から徐々に低下し、2割を切った。他方で、私が住む山形県庄内地方ではいまだ約5割を占める。60年前のコメに依存した農業構造がいまだに残っているのだ。この60年でのコメの価格は3倍程度の上昇にとどまっており、サラリーマンの初任給が約20倍になったのと比べれば、コメ依存地域が他の地域よりも経済的に厳しい状況に置かれたことがよく分かる。

　農家の会合に参加すると、「平成30年問題」（コメ10アール当たり7500円の交付金の廃止問題）への懸念が聞こえてくる。普段は温厚な農協（JA）幹部からは、「政府のJA改革はJAつぶし」という激しい言葉が、静かに述べられ、驚かされる。環太平洋連携協定（TPP）が輸出マーケットの獲得につながる期待よりも、危機感が強い。先般の参院選において、東北が全国的な傾向から外れた結果となったのは、こうした不信、不安が知らぬ間に広がっていたことも背景にあるのだろう。

　さて、先日、真夏のサッカー大会に参加した。ボランティアの監督・コーチは、子供たちにも負けない位真っ黒に日焼けしている。マイクロバスの運転手、テント設営や洗濯は、保護者が分担して行った。チーム関係者の熱心さには、地元のチームを守りたいという、地元への愛が根底にあることを感じる。保護者の間には、強豪チームへ引き抜かれてしまった選手に、「もっとチームの良さをＰＲしたかった」というもどかしさが残っていたが、気持ちを切り替え、全力プレーをする子供たちの姿に、心が洗われた。

強いチームへ、効率的なものへ、収入が上がる地域へ、人も金も移動していくことを止めることは難しいだろう。しかしながら、農業のような土地・地域と一体不可分の産業の場合、もうからないからすぐに撤退するわけにも、移籍するわけにもいかない。強さだけではない、人を引きつける魅力をどうつくり、そしてそれをどう伝えていくのか。地域のチームも農業も、地域に踏みとどまれるかどうかの瀬戸際に立っている。（２０１６年８月）

子供たちの生活

長男は４年生で小学校へ転入した。目黒区では徒歩３分だった学校から、徒歩30分を歩いて学校へ通う。田園の道を仲間たちと行く登校風景が清々しい。

長女は新しい中学校へ。入学式の朝、カメラを向けると、「やめて！」と言われる私。

長女は新しい中学校へ

田園の道を仲間たちと行く小学生

新しい橋がかかった

大きくなったなぁと、涙がこぼれそうになる。1年生から新しい仲間と一緒のスタートが切れたことは幸いだった。馴染めるだろうかという親の心配はどこ吹く風、学校ではリーダー的な存在となっているそうだから、子どもはたくましい。

２０１５年1月、近所に「湯尻川橋」という新しい橋が架かった。中学生の長女は近所の小学生ゆこちゃんとともに、橋の名称の揮毫を担当させてもらった。橋を必要とする人がいて、造る人がいて、地域の人がいて。50年、１００年、未来へつながる橋になればいい。

夏には集落の子どもたち全員で海水浴と花火大会をやる。私が子どもの頃から続いている行事だ。そういえば、我が家は農作業か何かでいつも集合時間に遅れていた記憶がある。

２０１５年８月、夏休みの宿題はさて置き、スイカ割りに興じる子どもたちが眩しい。

２０１５年10月には集落の子供たちが自分たちで企画したハロウィーンを実施した。集落内のおじいちゃん、おばあちゃん、全部の家がお菓子を用意して待っていてくれた。雨交じりの肌寒い夕方だったが、子供たちの心はぽかぽかと温かったはずだ。子供は村を元気にする。

スイカ割りに興じる子どもたち

透明なこあみが、まだ動いていた

子供たちがハロウィーンを企画

飛島の朝

同じ集落の友達家族とのカラオケパーティー

自然の中の暮らし

　山形県内で唯一海岸線を有する庄内地方では、車の中に竿を常備している太公望も多い。素晴らしい人生だなぁ、と思う。私も時々息子と海へでかける。ヘボなのだが、時々大き目のアジやイワシが釣れる。釣り上げた魚のから揚げは格別だ。

　２０１６年３月下旬、幼なじみの俊ちゃんが届けてくれたのは朝獲りの春の恵み。透明なこあみ（えび）が、まだピチピチと動いていた。

　２０１６年８月、長男と山形県唯一の離島である飛島へ二人旅したことは印象深い。早朝、サザエ漁に向かうおじいさん、イゲシを教えてくれたおばあさん。メニューが「飛

長男が初めて玉串を捧呈

大晦日、神棚に餅を供え、歳取り魚の塩鱒をいただき、年は暮れる。

びっ子ラーメン」のみのお店。津々浦々にこんな味がある日本、つくづくありがたい国だ。

２０１６年の年末、同じ集落の友達家族とカラオケパーティーに行った。私自身の幼馴染が家族を持ち、子供たち同士が同じ小学校に通う。風の日も、雪の日も。これからもずっとよろしく。

年末30日の大祓いは我が家の年中行事だ。２０１５年は、長男が初めて玉串を捧呈した。じいさんが少しウルウルしていた。

美しい庄内

庄内での暮らし、思わず美しい景色に出会うことも多い。

鳥海山の雪解けで現れた山肌

記念館の収納庫で

草刈りをした畦に黄色の花が咲く

２０１４年５月、鳥海山の雪解けで現れた山肌が、腰を曲げ種をまく姿の様に見える、種まき爺さん。庄内地方に春の農作業時期を知らせるものと言われてきた。適切な時期を知る知恵。澄んだ空のように、曇りのない目で見れば、きっと見える。

２０１５年５月、除草剤を使わず、草刈りをした畦に黄色の花が咲く。一味違う、田植えが終わったわが家の田んぼの美しさ。

祖母が酒田出身だったこともあり、記憶に刻まれた写真家土門拳の記念館。日本で最初の写真美術館だ。２０１４年６月、偶然、作品の収納庫を見せてくれるツアーに参加することができた。山形ディスティネーションキャンペーンの取り組みで、その日が最初の日だったそうだ。

２０１５年7月に訪れた遊佐町の丸池様は、羽黒山五重塔に匹敵するパワースポットだと感じた。杉木立の中に現れた泉。湧水が瑠璃色に輝いている。時々刻々、光の加減で変わる表情に、遠方からを含むカメラマンが数人シャッターチャンスを狙っていた。

杉木立の中に現れた泉、丸池様。湧水が瑠璃色に輝いている

温海の海に夕陽が沈む

２０１6年4月、長男のサッカーの遠征で新潟へ遠征に行った帰りのバスから見た景色も印象深い。温海の海に夕陽が沈む。いつか親父が言っていた、夕陽がジュッと音をたてて沈む景色が目の前にあった。

リスペクト

長男が加入するサッカースポーツ少年団だが、大人も学ぶ機会が多かった。
ある時、クラブのＨＰに監督である岩崎信幸さんの「独り言」が掲載された。

選手への応援・声援について

～　保護者のみなさまへお願い　～

ＦＣアドバンスの試合では、いつもたくさんの保護者の方より熱い応援・声援を頂き感謝申し上げます。

試合が均衡してくると、ついつい応援にも熱が入り、私たちスタッフも、気が付くと、大声で叫んでいる場面も多々あります。

でも子供たちは、いつも全力で精一杯戦っているんだということを念頭におき試合を見守るようにしています。

そこで私が試合中、特に気をつけている五つのことを以下に記載します。

一、良いプレーが出たら選手を、ほめたたえること。

一、味方・相手に関わらず、選手を励ます応援・声援であること。
一、プレーやジャッジに対して相手選手や審判に異議・文句を発しないこと。
一、過剰な指示（オーバーコーチング）にならないこと。
一、失敗しても、決して笑わないこと。

私自身も練習では、かなり厳しい指導・指示をすることもありますが、試合では選手がのびのびプレー出来る環境作りと、選手の考える力、やる気を引き出す指示・応援・声援を心がけています。

保護者の皆さんもご理解の上、子供たちの良きサポーターとして熱い応援・声援をよろしくお願いします。

FCアドバンス監督　岩崎　信幸

これには、私自身、思い当たる節があった。サッカーの「リスペクト」の精神を理解していない、反省すべき点が多々あった。

そこで、岩崎監督へ以下のようなメールを送った。

いつも大変お世話になっております。HP（選手への応援）読ませていただきました。

全面的に賛同致します。

以前、長男に「その応援やめてくれ」と涙ながらに訴えられました。その時は、「ヤジや大声を出されたぐらいで、うろたえているようではダメだ」と考えていましたが、つい最近、その考えを改めました。日本サッカー協会の「リスペクト（すべての関係者（相手、審判、コーチなど）に敬意を払う）」という考え方を教えてもらってからです。

私は野球経験者なので、ヤジは当たり前と思っていましたが、サッカーはそうではないということを最近学びました。

といいつつ、この前も熱が入って、「シュート打て」とか過剰な指示が出てしまいましたが。

監督の考えに賛同し、一層、みんなが気持ちよくプレーできるよう努力したいと思います。

今後ともご指導よろしくお願い申し上げます。

「リスペクト」、すべての関係者、対戦相手、審判、コーチなどに敬意を払う。これはサッカーだけの話では決してないと、岩崎監督や瀬尾コーチ、半田コーチに感謝しつつ、今では理解している。

12　ＪＡは空気みたいなもの⁉

ＪＡ庄内みどりの未来を考える会

夜が更けると家の前がガヤガヤとにぎやかになった。すぐに祖母は台所に立ち、ちくわにキュウリやチーズをつめ、一口大に切り、手際良く皿に盛りつける。突然現れたお客さまに熱かんとそのさかなを運ぶのは、小学生の私の役目だった。座敷には、上機嫌の祖父と農協の友人たちがそろっていた。長らく鶴岡市農協の代表監事を務めていた祖父・哲郎の生前の口癖は、「この地域をどうするか」。農協の会合があると、二次会なのか、三次会なのか分からないが、わが家の座敷が議論の場となった。祖父にとっての「地域」とは「農協」と同義だったように思う。

「ＪＡは空気みたいなものだと、皆さん思っている」。生活クラブ連合会の河野栄次顧問の言葉に、皆はっと気付かされる。山形県酒田市および遊佐町を管内とするＪＡ庄内みどりが主催する「ＪＡ庄内みどりの未来を考える会」の会合での一幕だ。２０１５年10月に議論を開始し、２０１６年10月末までに8回の議論を行った。その過程で、１９９４年に

ＪＡのワークショップの様子

八つの農協（ＪＡ）が合併して初めての組合員全戸を対象としたアンケート調査やワークショップを交えながら、ＪＡの課題とあるべき姿を、時に手探りで、しかし熱く、議論してきた。メンバーは、30代から60代の生産者15人（うち女性3人）、役員4人。同じ協同組合である生協を運営し、コメや豚肉を通じて庄内と消費者をつないできた河野顧問、大学の同僚で地域福祉が専門の鎌田剛准教授とともに、私もコーディネーターとして参加している。

協同組合の組合員は、組合の事業の利用者であり、同時に組合を運営していく運営者でもある。「未来を考える会」での議論は、まずその点を確認することから始まった。全国のＪＡでは、准組合員と呼ばれる議決権がない組合員が全体の5割を超えているが、ＪＡ庄内みどりでは4分の1ほど。「未来を考える会」での議論も、「もうかる農業」、「持続可能な農業」の実現に向け、運営者としてのＪＡの役割を再考する前向きなものが多くなった。マスコミだけでなく農家からも、「ＪＡは農家のためになっていない」といった主張が見られるが、よく考えてみれば論理が矛盾している。ＪＡは農家である組合員が組織しているものであり、農家のためになっていないのなら、運営者である組合員自身が変えていけば良いのだから。とはいえ、「未来を考える会」でも、議論に熱がこもると、その原点を忘れ、ＪＡの事務局を農家が糾弾するかのような場面も散見された。

営農指導事業の赤字を信用・共済事業で補う構図は全国の総合農協に共通したものであるが、その営農指導を起点として、長年培ってきた人的ネットワークときめ細かなサービスによる信頼関係こそが、ＪＡの強みである。組合員は、それを「空気みたいなもの」として無自覚に享受してきた面があったのではないか。全国農業協同組合連合会（ＪＡ全農）の株式会社化に注目が集まるが、改正農協法により、単協（信用・共済事業を行うものを除く）も選択すれば株式会社等へ組織形態を変更することができる。収益性を考え、不採算部門を整理することが当然の株式会社が、営農指導部門を継続できるのだろうか。年内にも予定される「未来を考える会」のとりまとめは、「改革」の言葉に踊らされず、協同組合の強みを自覚し、結束して員内利用率を高める方向に向かうような具体的なプロジェクトが盛り込まれることを期待したい。（２０１６年11月）

※２０１６年11月、「『再生産できる農業、未来に続く農業』の実現を」との答申が「未来を考える会」

からＪＡ理事会へなされた。

農林水産業と食品産業

農水省の役人時代からずっと考えてきたことがある。農林水産業と食品産業の関係についてである。食品産業は日本農業の最大の顧客、車の両輪。両者の関係を表す様々な言葉があるが、これから両者の関係はどのようになっていくのだろうか。

ＴＰＰ合意に向けた交渉が行われる中で、国内に製造拠点を有する食品製造業が恐れていたことは何かご存じだろうか。それは、加工食品の関税が撤廃される一方で、加工食品の原材料となる一次産品の関税が残ってしまうことだ。なぜなら、そのようになった場合には、海外から大量に無関税の製品が輸入される中で、国内に残った食品企業は、国内生産又は輸入の相対的にコストのかかる原材料を使用して食品を製造しなければならず、結果として競争力を失うからだ。

そのような状況になった時、食品産業はどのような行動をとるのだろうか。製造拠点を国内から海外に移転し、海外で製造した食品を日本向けに輸出ということを選択する企業も増えるだろう。国内の食品製造業の空洞化は避けられない。

日本産ということを国内販売における売りにしている企業はあるが、他方で、海外から安価に調達した農産物を使い、日本人の味覚に合う加工食品を次々と市場に投入してきた。また、大手食品製造業の主戦場は既に海外に移っている。米国シカゴで、総領事館員として働いていた際、Ｋ社のウィスコンシン州ワルワースの工場では、米国産大豆を原料として醤油やテリヤキソースが製造されていた。Ｇ社の日本酒も、Ｈ社の豆腐も、米国において現地生産・販売されている。

日本の農家と日本に立地する食品産業の利益は、究極的には一致しない面がある。国家の利益とグローバル企業の利益が必ずしも一致しないように。だから最後は消費者が国産原料を望む、あるいは加工、レストラン、スーパーなどの食品産業の皆様に国産の価値をみとめていただく、それに応える農林水産業を展開していくしか、このことに対する解はないように思う。

グローバル化の中の農業はどこへ行くのか

２００２年から２年弱、農林水産省から内閣官房ＩＴ担当室に出向した。その時に、日本を代表する家電メーカーＳ社から出向してきた人に言われた一言は衝撃だった。「世界に出て名刺を渡してご覧。日本の農林水産省とS社、どちらが信用されるのか。S社の方だよ」。国家公務員として、国家の中枢で働いている自負があったが、日本の農林水産業を担当する公務員よりもグローバル企業の職員の方が、世界の中では信頼性が高いと言うのだ。

グローバル資本主義の中での農業はいかにあるべきなのか。企業的な農業と家族農業、どちらがこれからの農業を担うべきなのか。結論から言えば、私は、今後も家族農業が中心になるべきだと考えている。株式会社形態等の生産組織を直ちに否定するものではないが、自然環境に寄り添うことが必要な我が国農業の特殊性を考えた場合、やはり利益を追求することを主眼とした会社形態は、持続可能な農業という文脈において相容れない部分があるように思う。

極端に言えば、一つの集落を、一つの村を、一つの市をたった一社の株式会社農場で運営することも可能なのだ。それが果たして健全な農業の展開、生産体制と胸を張れるだろうか？

農水省に入省して最初の仕事は、株式会社の農地取得・農業参入問題への対応であった。ごく弱い形で株式会社の参入を認めることとなったのだが、その後も、この時の火種がくすぶり続けている。地域に根差した株式会社と、地域から利益を吸い上げる株式会社を区別することは難しい。財界がこの問題に熱心なのはなぜなのだろうか。

13　「読書のまち鶴岡」への思い

知的な活動を営むために

作物を育てるのに養分が必要なように、人間も生きるために必要な養分を食料から取り入れることはもちろんだが、知的な活動を営むための読書の必要性について疑う人はいないだろう。

Uターンした年の冬、父の高校の同級生である黒羽根洋司さんから連絡をいただいた。長らく鶴岡で整形外科医院を開業しつつ、文筆活動など多彩な活動を展開されてきた方だ。先生からの依頼は、絵本の力と親子の絆を描いた「じんじん」という映画を上映するための実行委員会を手伝ってほしいというものだった。人口の少ない地方では、映画館は少なく、上映できる映画の本数も限られる。読書・読み聞かせといった内容を含む「見たい」映画を上映するためには、こうした取り組みをしなければならないことを知った。

その後、先生が会長を務める「読書のまち鶴岡」宣言をすすめる会に参加させていただくことになった。その「読書のまち」の会が立ち上がったのは、東日本大震災が発生した

2011年のこと。未曽有の大震災の中で何ができるのか。被災地に本を届けようと思い立ったのが、会の始まりだったそうだ。あの時、被災地に希望を与えたものは、手書きの新聞であり、子供たちへの読み聞かせだった。生きるための水や食料の確保、道路・橋梁（きょうりょう）の復旧が当座の課題であったが、未来への力強い復興のためには活字、読書の力が重要であることを私も感じていた。

「読書のまち」の会で市民の集いを重ねること5回。市民の知的な活動の源泉である読書が盛んな市であることを、自治体による「宣言」という形式で内外に示そうという機運が高まった。この運動は、市民による市議会への「請願」、議会の採択を得て、その後、鶴岡市としての宣言として世に出るはずだった。しかし、16年3月、不採択という結果が私たちに届いた。

なぜ不採択なのか、理由は振るっていた。鶴岡には平和都市宣言があり、複数の自治体「宣言」を行うべきか成熟した議論ができていない。「鶴岡市子ども読書活動推進計画」と内容が重複している。はたまた、「宣言の制定」という文言が条例化を意味しているという誤解（何度もそうではないと説明したのだが…）。よくもまあ、これだけできない理由を並べたものだと思った。

実のところ、私自身は、「宣言」それ自体については「あっても良い」と思う程度だったが、請願に際しては市民からの署名が約1万3000も寄せられていた。だから、もっとじっくり、「どうすれば読書のまちを実現できるのか」を議論してもらいたかった。

この冬、『思考の整理学』（外山滋比古著）という本を数人で読み、自由に意見を出し合う活動に参加している。農閑期の友人にも声をかけている。読書は知らなかったことに気づき、おぼろげに理解していたと思っていたことを整理してくれ、また、忍耐力も養ってくれる。地方自治は、民主主義の学校と言われる。憲法で「請願をしたためにいかなる差別待遇も受けない」とされているほどの重要な権利を、読書を愛する市民が行使したことは、小さいが、しかし、大切な一歩だったと感じている。（2017年1月）

読書のまち「宣言」を考える

いわゆる自治体の宣言に実効性があるのか、ということについては、結論から言えば、条例のような法的拘束力はない。しかし、内外へのアピール、条例では扱えない努力目標などをカバーできるという利点がある、とされている。

また、「制定」という文言が「条例」を想起させるという意見があったようだが、さい

「私の一冊」を紹介する「読書のまち」の会のイベント

たま市議会の例でも、「都市宣言の制定」という用例があり、「制定」＝「条例」という意見には無理があり、そもそも「条例化」を前提とした請願ではないことは繰り返し説明されていた。

日本国憲法第16条は、「何人も、損害の救済、公務員の罷免、法律、命令又は規則の制定、廃止又は改正その他の事項に関し、平穏に請願する権利を有し、何人も、かかる請願をしたためにいかなる差別待遇も受けない。」としている。情報公開法に基づく開示請求でも同様だが、請願の採択や情報の開示の判断に当たって、どのような者がそれを求めてきたのかは、関係がない。求めてきた内容で判断されるべきなのだ。果たして、本当に内容で判断されたのだろうか。求めてきた者が誰だったのかが考慮されたのだろうか。成熟した地方自治を考える上でも、それが問題だ。

私は宣言が不採択とされた後も、「読書でまちを元気に」という活動に時々参加している。２０１６年11月に開催されたイベントでは、講演会とともに「私の一冊」という企画が催された。私は、長女にデザインしてもらったものを並べてもらった。イベントを通じ、本は読むためだけのものではなく、人をつなぐものだと改めて教えてもらったように思う。

おわりに

祖父・皆川哲郎（1918年-2007年）は、真っ直ぐな人だった。

私が住む集落・森片（山形県鶴岡市）は、庄内平野の中の小さな森が点在する、その森の片隅にある。2キロほど離れた小学校に通う時、冬は地吹雪で数メートル先も見えなくなることが度々あったが、一度集落の中に入ると、森に囲まれているためか、不思議と風の影響が少ない。この立地は、長らく、そして今もこの地域の人々を養ってきた稲作には好都合だったのだろう。しかし、電波状態が良くない。

私が子供の頃、民放（Uチャンネル）の共同アンテナの導入がこの小さな集落のホットイシューになった。個人でアンテナを導入している家では、既にUチャンネルが映っていたが、我が家では映らなかった。共同アンテナ以前に、Uチャンネルそのものに哲郎は否定的だった。

紆余曲折はあったが共同アンテナは導入された。祖父はUチャンネルに映っているタレントのタモリを見つけると「この男は」とブツブツ文句を言いだす。タモリがNHKの動物番組「ウォッチング」に映っている時には、「いい仕事もする」。酔うと新聞紙を丸めた剣を振り回したり、馬になって私と遊んでくれた祖父だが、彼の見えない基準を超えたふざけたことが嫌いだった。Uチャンネルがつくと、不機嫌な表情で、湯飲みの日本酒をちびちびと飲みながら、チラチラと画面をうかがっていた。

祖父は、若くして曾祖父・皆川建蔵に代わって農業、林業の経営を担った。自分の希望というよりは、地域の政治を担った建蔵を支えるためという面があったのだろう。農林業だけでなく、建蔵の政治的な活動を支えるための金の工面なども担っていたらしく、哲郎の多忙さが想像できる。

その哲郎がよく口にしていた言葉。

「この地域をどうするか」

長らく監事を務めた鶴岡市農業協同組合。

「あなたのおじいさんに、これはどういうことか、と質問されると、びくっとしたものだ」

と、農協の元理事が教えてくれた。

在職中に農協で不祥事があった際にも、祖父は責任を追及されることはなかった。監査ぐるみでの不正ではなかったのは、祖父の生真面目な性格を表しているように思う。

「政治ができない人だったからの」

と叔父が語るのを聞いたことがあるが、私は違う見方をしている。

「俺はこう生きる、こうする、ということがなければだめだ」

これも祖父が、何度も、何度も口にしていた言葉。晩年の祖父は山の作業を楽しんでいた。下草刈り、枝打ちなど地道な作業が多いが、喜んで山に向かっているように感じた。私を連れ立って山に出かけ、杉の木が充実してきている様子に、満足げに「ほら、見てみ」と語りかけてきた。立派に育った杉は、懐具合だけなく、心も満たしてくれるものだった。

農業は早くに父・和中に譲り、好きな山仕事にでかける日々。

「農協の全国連の役員になれたはず」と、叔父が語っているが、哲郎はそんなことには興味がなかったのではないか。

「俺はこう生きる」

そのことをただ真っ直ぐに実行していたのだろう。

「この地域をどうするか」

つまり、我が家の経営だけを考えていては駄目だ、ということなのだろう。農業、林業、そして地域経営に携わる者への教訓が含まれている。地域が元気を失いつつあることの遠因に、この教訓を軽視する今の風潮がある。

地方の時代、地域再生、地方創生、スローガンは踊るが、地域資源を地域協働で活かす、時に私を捨てて、公益の思想で地域を守るということが中心にあるのか。営々と築かれてきた地域資源を切り売りするような取組みでは、地域の縮小につながってしまう。

父・和中は大学卒業後、青年海外協力隊に行きたいという希望があった。大学に残らないかという話もあったようだ。そんな父を祖父は半ば無理やり鶴岡に連れ帰っている。地域における人財が、何物にも代えがたいことに気付いていたのだろう。

父には気の毒な面もあるが、哲郎の行動がなければ私も存在しなかったわけなので、複雑な思いだ。

花見の季節の鶴岡公園

故郷の実りの秋

ちなみに、祖父と父はともに東京農工大学農学部を卒業している。実は私も受験したのだが見事に失敗している。高校まで野球に打ち込み、ろくに勉強をしていなかった私は、興味があった歴史などを学べる文系の大学を受験したかった。この時、父は農学部以外の受験を認めてくれなかった。行動パターンがかつて理不尽な仕打ちを受けた祖父と同じなのは皮肉だが、これがなければ私がUターンすることもなかっただろう。

偶然なのか、必然なのか。

「流れにのって、あるがままに生きなさい」

故郷へのUターンを決めた際に聞いた言葉が今も耳に残る。鮭が故郷へ帰るように、その小さな決意の塊が地方を元気にする、と信じて今も生きている。

著者紹介

皆川　治（みなかわ・おさむ）

1974年、山形県鶴岡市生まれ。宇都宮大学農学部農業経済学科卒。

1997年、農林水産省入省。平成22年６月から23年９月まで農林水産副大臣秘書官。

2014年、農林水産省を退職し、故郷の鶴岡市へＵターン。

2014年５月から東北公益文科大学特任講師。

著書に『被災、石巻五十日。』（国書刊行会）。


本書は、デジタル農業情報誌『Agrio』（時事通信社）に掲載された「庄内Ｕターン日記」を元に、加筆・修正したものである。

U《ユー》ターン日記《にっき》　霞ヶ関《かすみがせき》から故郷《ふるさと》へ

2017年３月11日　初版第１刷発行

著　　者　皆川　治
発 行 者　佐藤今朝夫
発 行 所　株式会社 国書刊行会
〒174-0056 東京都板橋区志村１-13-15
TEL 03（5970）7421　FAX 03（5970）7427
http://www.kokusho.co.jp
印刷製本　三松堂株式会社

ISBN 978-4-336-06156-0